Bau von Fernmeldeanlagen

Von

Ernst Plass

Teil 2

Außenleitungen

Von

Ernst Plass

Mit 178 Bildern

München und Berlin 1941

Verlag von R. Oldenbourg

Vorwort

Der Bau von Freileitungs- und Außenkabelnetzen tritt an die Fernmeldemonteure in weit geringerem Maße heran, als die Verlegung von Innenleitungen. Aber gerade dieser Umstand gibt Veranlassung, dieses Gebiet, soweit es für sie praktisch in Betracht kommt, eingehend zu behandeln, damit sich jeder Monteur hiermit befassen kann, um späteren Anforderungen gerecht zu werden.

Bei der Bearbeitung dieses Teils ist das Schrifttum „Die Schwachstromtechnik" von Arthur S t i l l e r und „Fernsprechanlagen der Deutschen Reichspost" von H i r s e m a n n und H o f f e n d a h l herangezogen worden.

Auch hierfür sind mir wiederum Zeichnungen und Druckstöcke von Firmen zur Verfügung gestellt worden, wofür ich an dieser Stelle danke.

Frankfurt am Main, September 1940.

Der Verfasser.

Inhaltsverzeichnis.

Freileitungen

Luftkabel

Freileitungen.

I. Allgemeines.

A. Verwendung.

Freileitungen dienen zur Verbindung oder zum Anschluß vereinzelter Apparate, die voneinander oder von einer zentralen Stelle durch Wege oder Plätze getrennt sind und nur wenige Drähte erfordern.

B. Erklärung der Begriffe.

1. Freileitung.

Im Sinne des Vorschriftenbuches des VDE sind Freileitungen oberirdische Leitungsanlagen, also Leitungen mit ihren Isolatoren und Trägern (Masten, Dachständern usw.), die außerhalb von Gebäuden geführt sind. Es ist eindeutiger, nur den an Gestängen oder anderen Stützpunkten angebrachten blanken oder isolierten Einzeldraht als Freileitung zu betrachten.

2. Fernmeldelinie.

Eine zu einem Zuge vereinigte Fernmeldeleitung mit allen Einrichtungen zur Führung der Leitungen, also die Gestänge mit ihren Trägern, Isoliervorrichtungen und Leitungen nebst Verstärkungs- und Sicherungsmitteln, ist dann eine Fernmeldelinie. Dieser Begriff schließt Telegraphen-, Fernsprech-, Signal- und ähnliche Linien (Feuermelde-, Polizeiruf-, Gefahrmelde- und Alarmlinien) sowie Fernschaltungslinien, die mit Fernmeldeanlagen in Verbindung stehen, ein.

II. Beschaffenheit der Leitungen.

A. Allgemeines.

Die Leiter werden aus Kupfer, Stahl oder Aluminium hergestellt. Kupfer und Aluminium müssen den VDE 0201/1934 und 0202 U/1937 entsprechen (s. Teil 1) und werden auch als Legierungen: Bronze und Aldrey, verwendet. Stahldrähte müssen mindestens 2 mm, Bronzedrähte mindestens 1,5 mm dick sein.

Der Aldrey-Freileitungs-Werkstoff ist eine Aluminiumlegierung aus etwa 98,7 v. H. Reinaluminium, 0,5 v. H. Magnesium, 0,5 v. H. Silizium und unter 0,3 v. H. Eisen. Er besitzt dem Reinaluminium gegenüber verschiedene Vorzüge. Während das Silizium in harten Reinaluminiumdrähten in Gestalt von selbständigen Kristallen neben den Aluminiumkristallen bestehen bleibt und die Oxydschutzhaut teilweise gefährdet, treten das Magnesium und Silizium beim Aldrey durch das Vergütungsverfahren aus Magnesiumsilicit und Silizium in die Raumgitter der Reinaluminiumkristalle ein (Mischkristallbildung), so daß sich eine natürliche Aluminiumoxydschutzhaut ohne örtliche Unterbrechungen bildet. Dieses Vergütungsverfahren beseitigt auch die korrosionsgefährlichen Reckspannungen, wie sie bei zu hartem Reinaluminiumdraht auftreten können.

Der spezifische Widerstand von Aldrey beträgt 1/30 Ohm. Die Drähte werden blank, umhüllt oder isoliert benutzt. Für die blanken Leiter sind die jeweils gültigen DIN-Normen maßgebend. Die Umhüllung schützt den Draht vor chemischen Einflüssen und den zerstörenden Einwirkungen der Luft. Die Isolierung verhindert die Ableitung des eigenen Stromes oder den Übergang fremder Ströme bei Berührung mit Starkstromfreileitungen.

B. Blank.

Bezeichnung	Art des Drahtes	Durchmesser	Querschnitt mm²	Zugfestigkeit kg/mm²	Mindestbruchlast kg	Widerstand für 1 km + 20°	Dämpfung für 1 km Doppelleitung bei 800 Hz Neper/km	Verwendung
E — Cu	Harkupferdraht	2	3,14	45	135	5,69	0,0100	Lange Leitungen (> 50 km)
		2,5	4,91	45	210	3,65	0,0061	
		3	7,07	44	310	2,60	0,0047	
Bz I	Bronzedraht	2	3,14	52	160	6,64	wie E — Cu	Größere Zugbeanspruchungen (Spannweiten) Kurze Leitungen
		2,5	4,91	52	250	4,26		
		3	7,07	52	365	2,96		
Bz II	„	1,5	1,77	68	120	15,71	0,017	Rauhreifgebiete
		2	3,14	66	205	8,85	0,0100	
		2,5	4,91	64	310	5,66	0,0061	
		3	7,07	62	435	3,93	0,0047	
Bz III	„	2	3,14	74	230	17,71	wie Bz II	Ganz große Spannweiten
		2,5	4,91	74	360	11,32		
		3	7,07	72	510	7,86		
St I	Stahldraht, verzinkt	2	3,14	40	114	45,51	0,027	Telegraphenleitungen
		3	7,07	40	264	20,21	0,0193	
St II	„	3	7,07	45	297	20,21	0,0193	
Al	Aluminium	2	3,14	18	55	9,14		
		2,5	4,91	18	85	5,84		
		3	7,07	17	120	4,06		
Aldrey	Aldreydraht	1	0,785	30	23	42,46		
		1,2	1,13		31	29,50		
		1,5	1,77		49	18,83		
		1,8	2,54		72	13,12		
		2	3,14		90	10,61		
		2,5	4,91		145	6,78		
		3	7,07		210	4,71		

C. Umhüllt.

Die atmosphärische Luft überzieht blank verlegte Leitungen
mit einer Oxydschicht, die das Weiterdringen der Oxydation in
das Innere des Metalls verhindert; diese Oxydschicht wirkt also
als Schutzmittel. Ist jedoch die Luft, die die blanken Leitungen
umgibt, mit Rauch und anderen Abgasen, Säuredünsten usw. erfüllt, so übt sie in dieser chemischen Zusammensetzung eine zer-
störende Wirkung auf die Leitungen aus. Hiergegen werden die
Leiter durch eine Umhüllung geschützt. Sie entsprechen in ihrer
Beschaffenheit den blanken Drähten und sind mit einer wetterfesten Masse überzogen, mit 2 Lagen getränkten Papiers und einer
Lage Baumwolle besponnen und nochmals mit wetterfester Masse
getränkt. Hierüber ist eine Beflechtung aus Baumwolle, Hanf
oder gleichartigem Stoff gebracht, der ebenfalls in wetterfester
Masse getränkt ist. Die wetterfeste Masse enthält trocknende,
pflanzliche Öle und Metalloxyde. Die Umhüllung ist rot gefärbt
(Bild 1).

Bild 1. PLWC.

Die umhüllten wetterfesten Leitungen werden mit
    Kupferleiter   als PLWC,
    Bronzeleiter   ,, PLWB,
    Aluminiumleiter   ,, PLWA,
    Aldreyleiter   ,, PLWAld
bezeichnet.

Bild 2. Hackethaldraht.

Die Hackethal-Draht- und Kabel-Werke A. G. verwendet für
die wetterfeste Masse Bleimennige und Leinöl in bestimmter Zusammensetzung unter Beimengung von Chemikalien. Hierdurch
werden die Leitungen (Bild 2) vollkommen wetter- und säure-
beständig. Durch den Einfluß der Luft nimmt die Festigkeit der
Isolationsschicht bei gleichbleibender Geschmeidigkeit zu. Die
Verbindung zwischen Imprägniermittel und Baumwolle wird immer
inniger und verhindert hierdurch die Verwitterung der Baumwolle, so daß die Isolierung auch nach Jahren noch fest auf dem
Leiter sitzt. Die festsitzende Isolation gestattet den schädlichen
chemischen Einwirkungen der atmosphärischen oder durch Ab-
dämpfe verunreinigten Luft keinerlei Zutritt zum Leiter, der somit
seine elektrischen und mechanischen Eigenschaften unbegrenzt
behält.

D. Isoliert.

Isolierte Freileitungen sind Gummiaderleitungen mit wetterfest getränkter Beflechtung (NGAW, s. Teil 1). Zwischen dem gummierten Baumwollband und der Beflechtung liegt eine Bewicklung mit Papierband. Die wetterfeste Masse besteht aus trockenen pflanzlichen Ölen und Metalloxyden.

III. Verlegung.

A. Allgemeines.

1. Führung.

Die Freileitungen sind so zu verlegen, daß sie ohne besondere Hilfsmittel weder vom Erdboden noch von Fenstern, betretbaren Dächern und Ausbauten sowie anderen von Menschen regelmäßig betretenen Stätten erreicht werden können. Sie müssen über Wegen einen angemessenen Abstand vom Erdboden oder einen geeigneten Schutz gegen Berührung erhalten. Anderseits darf die Linie die Zugänge zu den Häusern, Höfen und Gärten nicht versperren oder die Fenster verdecken und in ihrer Benutzung beschränken sowie Einrichtungen, wie Laufbretter zu den Schornsteinen, nicht behindern.

Alle Kreuzungen der Fernmeldeleitungen mit anderen Anlagen (Land- und Wasserstraßen, Eisenbahnen und Starkstromanlagen) sind möglichst im rechten Winkel auszuführen. Hiervon darf aus technischen oder wirtschaftlichen Gründen nur abgewichen werden, wenn eine schräge Kreuzung die Leitungsführung verbessert.

2. Leitungsabstände und Lichtraum.

a) Öffentliche Wege.

Die Leitungen müssen bei größtem Durchhang an öffentlichen Wegen mindestens 3 m, bei Wegkreuzungen mindestens 4,5 m vom Erdboden entfernt sein.

b) Bäume.

Der Abstand der Leitungen von Bäumen soll im allgemeinen mindestens 1,25 m betragen.

c) Brücken.

Von eisernen Brücken und ähnlichen Bauwerken müssen die Fernmeldeleitungen möglichst in allen Richtungen mindestens 1,5 m entfernt bleiben.

d) Wasserläufe.

Bei Kreuzungen mit Wasserläufen muß die unterste Leitung bei größtem Durchhang mindestens 2,5 m über dem Punkt liegen, bis zu dem nach den wasserpolizeilichen Vorschriften die höchsten Maste der dort verkehrenden Schiffe reichen, mindestens aber 10 m über dem höchsten schiffbaren Wasserstand. Diese Bestimmung gilt auch bei Treideleien.

e) B a h n e n.

Bei Bahnkreuzungen darf der lichte waagerechte Abstand der Teile der Fernmeldeanlage von Gleismitte nicht geringer als 3 m sein. Die tiefste Stelle der Leitungsanlage muß mindestens 6 m über der Schienenoberkante liegen. Bei elektrisch betriebenen Eisenbahnen mit Oberleitung ist eine Überkreuzung zweckmäßig gänzlich zu verbieten. Bei elektrischen Straßenbahnen und Oberleitungsomnibussen muß der tiefste Punkt der Fernmeldefreileitung mindestens 3 m über der Fahrleitung liegen. Sind unter den überkreuzenden Fernmeldeleitungen Schutznetze oder Schutzleitungen verlegt, so müssen diese ebenfalls 3 m von der Fahrleitung entfernt sein.

f) S t a r k s t r o m a n l a g e n.

Die Fernmeldefreileitungen müssen von den Bauteilen der Starkstromanlagen
in waagerechter Richtung . . . . 1,25 m
in senkrechter Richtung von geerdeten Teilen der Starkstromanlage . . . . 1 ,,
entfernt sein.

Starkstromkabel dürfen nicht mit den Masten der Fernmeldeleitungen überbaut werden.

3. Schutz gegen Starkstrom.

Gegen die Gefährdung von Fernmeldefreileitungen durch Starkstromleitungen müssen Maßnahmen getroffen werden. Bei sich kreuzenden oder parallel verlaufenden Leitungen, die an getrennten oder gemeinsamen Gestängen geführt sind, ist durch die Leitungsführung oder durch besondere Vorkehrungen dafür zu sorgen, daß eine Berührung oder unzulässige Annäherung der beiden Leitungsarten verhütet oder ungefährlich gemacht werden. Diese Vorkehrungen bestehen in der Ausführung einer Anlage mit erhöhter Sicherheit. Vorrichtungen, die herabfallende Leitungen auffangen (z. B. Schutznetze, Schutzleitungen od. dgl.), sind möglichst einzuschränken.

a) K r e u z u n g e n.

Die Schutzmaßnahmen bei Kreuzungen richten sich danach, wie hoch die Nennspannung der Starkstromfreileitung (auch elektrischer Bahnen) ist, und ob die Fernmeldefreileitung oberhalb oder unterhalb der Starkstromfreileitung verläuft.

α) ... 250 V.

Bei Spannungen bis höchstens 250 V gegen Erde ist die Art der Kreuzung belanglos. Es genügt, wenn entweder die Starkstromleitungen oder die Fernmeldeleitungen als isolierte Leitungen mit wetterfest getränkter Beflechtung (NGAW) ausgeführt sind. Beide Arten von Leitungen müssen mindestens 0,5 m voneinander entfernt sein. Ebenso kann bei Fernmeldeleitungen, die Signalzwecken dienen, verfahren werden, wenn die Starkstromleitungen Nennspannungen bis höchstens 750 V besitzen.

β) *Überkreuzungen.*

Überkreuzungen von Starkstromfreileitungen mit Nennspannungen von 1 kV und darüber sind grundsätzlich, andere mit geringeren Nennspannungen — auch bei Betriebsspannungen unter 250 V gegen Erde — möglichst zu vermeiden.

Bei Spannungen unter 1 kV ist anzustreben, daß der Starkstromunternehmer über den Starkstromfreileitungen geerdete Schutznetze so anbringt, daß eine herabfallende Fernmeldeleitung sicher geerdet wird, bevor sie eine spannungsführende Leitung berühren kann.

γ) *Unterkreuzungen.*

Bei Nennspannungen von 1 kV und darüber müssen die Leitungen und Isolatoren der Starkstromfreileitungen den Bestimmungen für erhöhte Sicherheit (VDE 0210/X. 1938, § 33 b und c) entsprechen, sofern keine Schutznetze vorhanden sind. Außerdem müssen im Zuge über den Fernmeldeleitungen zwei oder mehrere geerdete, elektrisch und mechanisch ausreichend bemessene Schutzdrähte oder -seile angeordnet werden, die von den Spannung führenden Starkstromleitungen bei größtem Durchhang mindestens 2 m entfernt sind.

Diese Schutzdrähte können entbehrt werden, wenn die Höchstzugspannung der Starkstromleitungen 75 v. H. der zulässigen Zugspannung nicht übersteigt und ihre Spannweite so gewählt wird, daß ihre 4fache normale Zusatzlast ihren Werkstoff höchstens bis zur Dauerzugfestigkeit beansprucht. Der Mindestabstand von 2 m muß aber auch zwischen den sich kreuzenden Leitungen gewahrt bleiben. Bei Starkstromleitungen mit Kettenisolatoren darf er nicht kleiner als 1,5 m sein.

Bei Spannungen von 250 V gegen Erde bis 1 kV ist anzustreben, daß der Starkstromunternehmer die Starkstromleitungen mit erhöhter Sicherheit verlegt (VDE 0210/X. 1938, § 33). Beide Leitungsarten müssen mindestens 1,5 m voneinander entfernt sein.

Bei Spannungen bis höchstens 250 V gegen Erde und bei Spannweiten bis zu 50 m sind weitere Maßnahmen nicht erforderlich, wenn die Starkstromleitungen auf der dem Tragmast zugekehrten Seite der Isolatoren befestigt sind. In Winkelpunkten muß sich die Leitung jedoch unter dem Einfluß des Zuges gegen den Isolator legen. Bei Spannweiten über 50 m müssen die Starkstromleitungen nach den für erhöhte Sicherheit getroffenen Bestimmungen an den Isolatoren befestigt sein (VDE 2010/X. 1938, § 33 c). Der senkrechte Abstand der Fernmeldeleitungen von den Starkstromleitungen muß mindestens 1 m betragen.

An Stelle dieser Schutzmaßnahmen kann die eine oder andere Leitung auch als isolierte Leitung (NGAW) geführt werden (s. o.).

b) Führung am selben Gestänge.

Fernmeldeleitungen, die mit Starkstromleitungen am gleichen Gestänge verlegt werden, müssen mit Vorrichtungen versehen werden, die gefährliche Spannungen in ihren Leitungen nicht auftreten lassen, oder sind — entsprechend der induzierten Spannung hinsichtlich ihrer Beschaffenheit, ihrer Zugspannung, ihres Durchhanges und ihrer Anordnung am Gestänge — wie Starkstromleitungen zu behandeln. Sie müssen stets unterhalb der Starkstromleitungen verlegt werden, die durch einen braunen Ring am Isolator gekennzeichnet werden.

Besitzen die Starkstromleitungen Nennspannungen von 250 V gegen Erde bis 1 kV, so werden die Starkstromleitungen in einem senkrechten Mindestabstand von 1,5 m mit erhöhter Sicherheit (VDE 0210, § 33 b und c) verlegt und an Isolatoren befestigt, die eine höhere Überschlagspannung besitzen.

Beträgt die Spannung höchstens 250 V gegen Erde, so können entweder die Starkstromleitungen oder die Fernmeldeleitungen als isolierte Leitungen mit wetterfest getränkter Beflechtung (NGAW) ausgeführt werden. Hiervon kann bei Signalleitungen auch Gebrauch gemacht werden, wenn die Nennspannung der Starkstromleitung 750 V beträgt. Beide Arten von Leitungen müssen mindestens 0,5 m senkrecht voneinander entfernt sein.

c) Betriebsfernmeldeleitungen.

Führen Betriebsfernmeldeleitungen mit Vorrichtungen, die eine Gefährdung des Betriebspersonals bei Übertritt von 1 kV und darüber ausschließen (z. B. Schutztransformatoren mit genügend hoher Isolation), am gemeinsamen Gestänge mit Starkstromleitungen, die Nennspannungen von 1 kV und darüber haben, übereinander parallel, so müssen die oben liegenden Starkstromleitungen und die darunter befindliche Betriebsfernmeldeleitung waagerecht mindestens 0,2 m gegeneinander versetzt sein. Die Starkstromleitungen müssen mit erhöhter Sicherheit verlegt sein, sofern keine Schutznetze vorhanden sind, und mindestens 2 m von der Betriebsfernmeldeleitung entfernt sein. Dieser Abstand kann auf 0,5 m herabgesetzt werden, wenn die Starkstromleitungen mit Kettenisolatoren ausgerüstet sind.

Bei Kreuzungen müssen die Leitungen und Isolatoren des oben liegenden Stromkreises den Bestimmungen für erhöhte Sicherheit entsprechen, sofern keine Schutznetze verwendet sind.

d) Näherungen.

Fernmeldeanlagen können durch Drehstromanlagen gestört werden, wenn sich ihre Leitungen einer Drehstromleitung nähern. Es sind daher vom VDE besondere Leitsätze aufgestellt worden, die auf Drehstromleitungen mit betriebsmäßig geerdetem Nullpunkt bei Nennspannungen über 1000 V und auf die übrigen Drehstromleitungen bei Nennspannungen über 3000 V angewandt werden müssen. Die Maßnahmen zur Verhinderung der störenden Fernwirkungen können sowohl an der Drehstromanlage oder der Fernmeldeanlage als auch an beiden Anlagen getroffen werden. Ausschlaggebend hierbei ist die technisch und wirtschaftlich beste Lösung, unbeschadet der Verpflichtung zur Tragung der Kosten von diesem oder jenem Teil.

Damit elektrische oder magnetische Felder der Drehstromleitung in einer Fernsprechleitung keine störenden oder gefährlichen Spannungen erzeugen, muß die Länge einer Näherung klein oder der gegenseitige Abstand der Leitungen groß genug sein.

e) I n d u k t i o n s s c h u t z.

Die Fernsprechleitungen sind nur als Doppelleitungen herzustellen. Nicht nur der Werkstoff und die Stärke beider Drähte müssen übereinstimmen, sondern auch die Widerstände der eingeschalteten Stromsicherungen. Die Ableitung muß möglichst gering und in beiden Leitungszweigen möglichst gleich sein. Zur Verringerung der induzierten Längsspannungen können die Leitungen mit Übertragern elektrisch unterteilt werden.

Die für den Sprechverkehr erforderliche Symmetrie wird durch Schleifenkreuzungen hergestellt. Sind zwei Leitungen zu einem Vierer geschaltet, so müssen Platzwechsel eingebaut werden. Ein Kreuzungsabschnitt soll nicht länger als 1 km sein.

f) K n a l l g e r ä u s c h e.

In den Kopfhörern der Fernsprechleitungen können Knallgeräusche entstehen, wenn der Blitzableiter durch Fernwirkungen aus Drehstromanlagen betätigt wird. Dies kann durch Influenz beim Schalten einer erdfehlerhaften Drehstromleitung o h n e Nullpunktserdung oder beim Auftreten eines Erdschlusses in einer Drehstromleitung m i t Nullpunktserdung vorkommen.

Die Ansprechspannung der Blitzableiter wird wegen der Knallgeräusche so hoch gewählt, wie es die Betriebssicherheit der technischen Einrichtung zuläßt. Sie darf nicht unter 300 V liegen.

Zur Verhütung der Knallgeräusche in den Fernhörern wird von umlaufenden Spannungssicherungen usw. Gebrauch gemacht.

g) G e f ä h r d u n g e n.

Wenn sich die Fernmeldefreileitungen den Starkstromfreileitungen so weit nähern, daß sie beim Bruch von Leitungen durch Windabtrieb oder beim Umbruch von Gestängen gefährdet werden können, sind die Schutzmaßnahmen bei Kreuzungen entsprechend anzuwenden.

Beim Leitungsbruch ist anzunehmen, daß Leitungen aus Kupfer, Bronze oder Stahl unter einem Winkel von 45°, aus Aluminium und seinen Legierungen sowie Drähten unter 5 mm Stärke dagegen mit 60° zur Senkrechten niederfallen.

Gegen Gestängeumbruch sind im allgemeinen nur dann Schutzvorrichtungen erforderlich, wenn bei einem Umbruch die Leitungen der anderen Anlage berührt werden können. Mit einem gleichzeitigen Umbruch zweier Anlagen gegeneinander braucht nicht gerechnet zu werden. Ebenso unwahrscheinlich ist es, daß in Kurven die Stützpunkte nach außen fallen.

4. Erhöhte Sicherheit.

Der Ausbau der Fernmeldeanlage mit erhöhter Sicherheit wird notwendig, wenn die Fernmeldeleitungen blanke Starkstromleitungen überkreuzen müssen. Hierfür gelten folgende Bestimmungen:

1. Die Spannweite darf bei Verwendung von Drahtdicken unter 3 mm nicht mehr als 60 m betragen.
2. Für die Leitungen ist Stahl- oder Hartkupferdraht sowie Bronze BzII zu verwenden.
3. Die Höchstspannung darf $^1/_5$ der Dauerzugfestigkeit nicht überschreiten.
4. Die Leitungen sind an den Isolatoren abzuspannen oder gegen Gleiten im Drahtlager zu sichern.
5. Die Standfestigkeit der Kreuzungsgestänge und die bruchsichere Befestigung der Stützen und Stützenträger ist sicherzustellen. Anstatt auf Zug beanspruchter Hakenstützen sind an Holzmasten die Fernmeldeleitungen in Winkelpunkten auf Querträgern zu verlegen oder einzelne Stützen sind mit durchgehender Schraube, Unterlegscheibe und Mutter zu befestigen.
6. Im Kreuzungsfeld sind Drahtstellen, an denen frühere Bindungen gesessen oder die sonst durch starke Beanspruchung gelitten haben, unzulässig.

5. Unfallverhütung.

a) S i c h e r u n g d e s V e r k e h r s.

Bei allen Arbeiten an oder auf den Straßen müssen die zum Schutze des Verkehrs vorgeschriebenen Maßnahmen getroffen werden.

α) *Straße.*

Haben die Straßen Kraftwagenverkehr, so sind die vorgeschriebenen Warnungszeichen in einer Entfernung von 200 m vor und hinter der Arbeitsstrecke aufzustellen.

β) *Wege und Plätze.*

Bauzeug ist auf öffentlichen Wegen und Plätzen so niederzulegen, daß der Verkehr hierdurch möglichst wenig behindert, aber niemals gefährdet wird.

γ) *Wegkreuzungen.*

An den Wegkreuzungen sind Posten aufzustellen.

δ) *Bahngelände.*

Bei Arbeiten auf dem Bahngelände wird zweckmäßig ein Wärter von der Eisenbahn angefordert, der für die Sicherheit der Monteure und der Eisenbahnanlagen sorgt.

Der Bahnkörper ist nach Möglichkeit nicht zu betreten und der für den Bahnbetrieb erforderliche lichte Raum freizuhalten. Bauzeug und Geräte sind stets abseits zu lagern.

b) **Arbeiten in der Nähe von Starkstromleitungen.**

An Fernmeldefreileitungen, die in der Nähe von Starkstromleitungen verlaufen, muß besonders vorsichtig gearbeitet werden. Weder der Monteur noch die Fernmeldeleitungen dürfen mit der Starkstromleitung in Berührung kommen. Die Berührung einer Starkstromleitung von mehr als 250 V auch mit einer Leiter oder einer Stange ist lebensgefährlich.

Bei Arbeiten an den Fernmeldedrähten oberhalb von Starkstromleitungen und elektrischen Straßenbahnen müssen beide Leitungsarten voneinander durch ein Zugleinennetz oder durch eine waagerechte Holzplatte mit Fanghaken, die an einer sicher aufgestellten Leiter sitzt, getrennt werden, auch wenn die Leitungen aus isoliertem Draht bestehen oder wenn Schutzleisten oder Schutzdrähte vorhanden sind. Die Starkstromleitungen müssen spannungsfrei gemacht und zwischen Schalt- und Arbeitsstelle geerdet und kurzgeschlossen werden, wenn diese Vorkehrungen nicht ausreichen, um eine Berührung der beiderseitigen Leitungen zu verhindern. Dies ist stets nötig, wenn die Starkstromleitungen 250 V und mehr Spannung führen. Bei Arbeiten an Fernmeldeleitungen, die Starkstromleitungen im Abstande von weniger als 3 m unterkreuzen, muß eine Leine oder ein isolierter Draht quer über die Fernmeldeleitungen gelegt werden, damit die Drähte nicht bis zu den Starkstromleitungen emporschnellen können.

c) **Arbeiten an Fernmeldelinien, die im Betriebe sind.**

Sind bereits im Betriebe befindliche Leitungen am Gestänge, so dürfen sie durch die Arbeiten nicht gestört werden. Es muß daher vermieden werden, daß diese Drähte mit dem neu zu ziehenden Draht oder gar untereinander in Verbindung kommen oder überhaupt berührt werden.

d) **Sammen von Drahtenden.**

Abgekniffene Drahtenden müssen in einer Tasche gesammelt werden. Sie dürfen nirgends liegen gelassen werden, weil sie eine Gefahr für Tiere bilden, die sich daran die Hufe oder die Beine verletzen können. Außerdem können sie auf Äckern und Wiesen ins Futter geraten. Herumliegende Drahtreste verleiten auch einige Menschen, sie in die Leitungen zu werfen. Auf den Dächern bilden die Kupferdrahtenden eine Gefahr für die Dachrinne aus

Zink. Sie bilden mit dieser bei feuchtem Wetter ein galvanisches Element, das zur Zerstörung der Dachrinne führt.

B. Isoliervorrichtungen.

Ungeerdete Leitungen werden auf Porzellanglocken, die von Stützen getragen werden, verlegt. Beide zusammen bilden den Begriff Isoliervorrichtung. Die Stützenisolatoren müssen den DIN VDE 8010 bis 8020, die Isolatorstützen den DIN VDE 8055 und 8056 entsprechen. Starkstromisolatoren dürfen nicht verwendet werden. Sie kommen aber in Frage, wenn Betriebsfernmeldeleitungen und Starkstromleitungen mit Betriebsspannungen über 1 kV am gemeinsamen Gestänge verlegt sind und in bruchsicherer Führung über Fernmeldeleitungen der Deutschen Reichspost geführt werden. Die Isoliervorrichtungen werden an Boden- oder an Dachgestängen angebracht.

1. Doppelglockenisolatoren.

Die in der Fernmeldetechnik verwendeten Isolatoren haben die Form einer Doppelglocke. Kopf und äußerer Glockenmantel sind aus einem Stück hergestellt, damit der für das Drahtlager vorgesehene Hals der Scherkraft widerstehen kann. Isolatoren mit Rissen und Sprüngen, auch unter der Glasur, sind unbrauchbar.

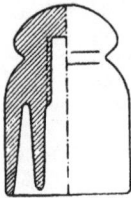

Die Doppelglockenisolatoren werden auf die Stützen gedreht. Hierzu wird das eingekerbte Stützenende vorher mit Hanf umwickelt, das mit Leinölfirnis getränkt wird.

Gewöhnliche Doppelglockenisolatoren (Bild 3) sind als Träger für den Leitungsdraht bestimmt und werden in zwei Größen hergestellt. Die kleine Form (III) wird für 1,5 mm dicken Bronzedraht, die große Form (I) für die übrigen Drähte benutzt.

Bild 3.
Doppelglocken-
isolator I.

2. Stützen.

Die üblichen Formen für Stützen zur unmittelbaren Befestigung an den Gestängen sind Hakenstützen (Bild 4), für Quer-

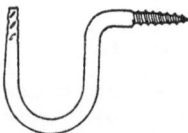

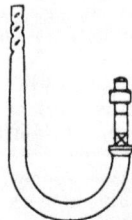

Bild 4. Hakenstütze.   Bild 5. Gerade Stütze.   Bild 6. U-Stütze.

träger (s. S. 44 und 57) gerade und U-Stützen (Bild 5 und 6). Alle Arten von Stützen werden in zwei Größen hergestellt. Die eine (III) für 1,5 mm Draht, die andere (I) für dickere Drähte. Hakenstützen (III) werden nur in kurzen Bodenlinien mit höchstens 3 Doppelleitungen aus 1,5 mm dickem Bronzedraht verwendet, weil die gegenseitige elektrische Beeinflussung der Leitungen auf längeren Strecken zu stark wird. In längeren Bodenlinien oder bei mehr als 3 Doppelleitungen sowie stets bei Dachgestängen erhalten die Leitungen Isoliervorrichtungen mit U-förmigen und geraden Stützen auf Querträgern.

C. Bodengestänge.

Die gebräuchlichsten Stützpunkte in Bodenlinien sind Holzstangen. Daneben kommen Mauerstützen und Mauerbügel in Betracht.

1. Holzstangen.

Zu Stangen werden gerade und schlank gewachsene Bäume gebraucht, die eine glatte Oberfläche und ein dichtes Gefüge besitzen. Dies sind unsere heimischen Nadelhölzer, von denen die harzreichen wegen ihrer größeren Haltbarkeit bevorzugt werden: Kiefer, Lärche, Fichte und Weißtanne.

a) Beschaffenheit.

Das Holz der Bäume muß völlig gesund sein. Stämme, die vor dem Trocknen schon gespalten sind oder Astlöcher, Bohrgänge von Insekten, faule Stellen und andere Mängel haben, sind zu Stangen unbrauchbar. Von den Bäumen wird das Stammende verwendet. Es ist zu Stangen benutzbar, wenn das obere entrindete Schnittende (Zopf) bei den gebräuchlichsten Längen von 7, 8,5 und 10 m mindestens 12 cm und höchstens 17 cm und bei Längen von 12 m mindestens 14 und höchstens 17 cm dick ist und die Verbindungslinie zwischen den Mittelpunkten des Zopfes und des Querschnittes an der Stelle, bis zu der die Stange in den Erdboden gesetzt werden soll, innerhalb des Stammes verläuft. Bei Stämmen mit elliptischem Querschnitt muß der Mittelwert aus dem großen und kleinen Durchmesser mindestens 12 bzw. 14 cm betragen.

b) Bearbeitung.

Die Stämme werden entrindet und vom Bast befreit. Der Zopf wird von beiden Seiten gleichmäßig 5 cm tief dachartig abgeschrägt, damit sich das Regenwasser nicht auf den Schnittflächen hält. Bei Stangen mit elliptischem Querschnitt wird die Abschrägung so vorgenommen, daß die Firstlinie mit dem großen Durchmesser zusammenfällt.

Das Stammende wird rechtwinklig zur Stammachse abgeschnitten.

Stangen mit einer Zopfstärke von 14 bis 17 cm werden als Stangen I, mit einer Zopfstärke von 12 bis 13 cm als Stangen II bezeichnet. Die Stangen II sind nur zu einer Belastung bis zu 4 Drähten geeignet.

c) Tränkung und Schutzanstrich.

Das Holz beginnt unter dem Einfluß des Regens trotz des Harzgehaltes bald zu faulen und muß daher mit Stoffen getränkt werden, die der Fäulnis entgegentreten. Kiefern und Lärchen lassen sich wegen ihres Gefüges besser tränken als Fichten und Tannen, die daher nur aushilfsweise verwendet werden. Die Stangen werden an der Luft getrocknet und dann in besonderen Stangenzubereitungsanstalten mit Teeröl im Kessel unter Druck oder mit Quecksilbersublimat in offenen Trögen getränkt. Nach der Tränkung werden sie an der Luft getrocknet und am Zopfende mit einem Schutzanstrich aus Teeröl versehen, sofern sie nicht hiermit getränkt worden sind. Auf diesen trockenen Anstrich kommt ein zweiter aus heißem Steinkohlenteer, dem Petroleumasphalt zugesetzt worden ist.

Trotz der Tränkung werden die in den Erdboden gesetzten Stangen von der Fäulnis stark an der Stelle angegriffen, wo sie den Erdboden verlassen, weil sie hier dem Wechsel der Feuchtigkeit und dem Luftzutritt am meisten ausgesetzt sind. Die Fäulnis dehnt sich bald je 50 cm nach oben und unten aus. Daher erhalten die nicht mit Teeröl getränkten Stangen vor dem Stellen 10 cm über diesen Bereich hinaus einen Schutzanstrich mit Karbolineum.

d) Verwendung.

Als Stützpunkte reichen im allgemeinen 7 m lange Stangen aus. Die 8,5 m langen Stangen werden an den Landstraßen, die längeren zur Überspannung einzelner Bäume und Hindernisse gebraucht.

e) Stellen.

α) Beförderung.

Die Stangen werden an ihre einzelnen Standorte gefahren. Die Monteure stellen sich zum Tragen einer Stange nach der Schulterhöhe abwechselnd zu den Seiten der Stange auf, so daß diese einmal auf der linken, das andere Mal auf der rechten Schulter eines Monteurs zu liegen kommt. Kopf und Hals müssen beim Tragen der mit Teeröl zubereiteten Stangen geschützt sein. Die Stangen dürfen beim Abladen nicht abgeworfen oder abgerollt werden, weil sie hierunter leiden und auch Unfälle verursachen können.

β) Standort.

Für die Aufstellung der Bodengestänge sind in Ortschaften die öffentlichen Wege zu benutzen. Ist dies nur mit unverhältnismäßig hohen Schwierigkeiten und Kosten möglich, so kommen auch Privatgrundstücke hierfür in Betracht.

An Landstraßen werden die Stangen möglichst auf die den vorherrschenden Winden zugekehrte Seite gestellt, damit die von den Bäumen abgebrochenen Zweige und Äste nicht auf die Leitungen fallen und Störungen verursachen können. Der Abstand von den Bäumen ist so groß wie möglich zu halten. Ist diese Stelle bereits von einer oberirdischen Starkstromlinie oder einem Kabel gleich welcher Art belegt, so ist die andere Seite zu nehmen. Steht die Baumreihe ausnahmsweise jenseits des Straßengrabens, so werden die Stangen unter den gleichen Bedingungen auf den Straßenkörper gestellt. Die Grabensohle ist, selbst wenn sie gewöhnlich trocken ist, unbenutzbar, weil der häufige Wechsel zwischen Trockenheit und Nässe die Stange rasch faulen läßt.

An Eisenbahnen werden die Stangen auf die den vorherrschenden Winden abgekehrte Seite des Bahnkörpers gestellt, damit sie ein Sturm nicht auf die Schienen legen kann. Liegt auf dieser Seite bereits ein Kabel, so ist die andere Seite zu wählen. Die Stangen werden am besten auf dem Sicherheitsstreifen oder jenseits des Entwässerungsgrabens aufgestellt.

γ) Abstand.

Jeder Stützpunkt, den eine Leitung benötigt, bildet für sie eine Ableitung zur Erde. Die Anzahl der Stützpunkte muß daher nach Möglichkeit beschränkt werden. Einer Vergrößerung des Stangenabstandes steht jedoch der Nachteil entgegen, daß die Drahtspannung und der Durchhang und damit auch die Bruch- und Berührungsgefahr für die Drähte sowie die Umbruchsgefahr für die Stangen wachsen. Es hat sich ergeben, daß das Mittel, beiden Nachteilen zu begegnen, ein Stangenabstand von 50 m ist. Dieser Abstand wird in Krümmungen an steilen Berghängen sowie in Gegenden, die durch starken Wind oder Rauhreif eine größere Belastung der Linie hervorrufen, entsprechend verringert. Ganz kurze Stangenabstände können in Ortschaften oder krummen Gebirgsstraßen erforderlich werden.

δ) Einstelltiefe.

Die Stangen werden in den Erdboden gestellt. Die Tiefe richtet sich nach der Länge der Stange und der Beschaffenheit des Erdbodens. Sie beträgt im ebenen Boden $1/5$, in Flugsand und an Böschungen $1/4$ und in Felsboden $1/7$ der Stangenlänge, doch nicht mehr als 2 m. An Böschungen sind 25 cm hinzuzugeben.

ε) Herstellen der Stangenlöcher.

Je nach der Bodenbeschaffenheit werden die Stangenlöcher gebohrt, gegraben oder gesprengt. Rasennarben oder Pflasterungen sind sorgfältig abzudecken und nach dem Aufstellen der Stangen wieder zu verwenden. Muß ein Loch, weil die Stange am Tage nicht mehr aufgestellt werden kann, nachts offen bleiben, so wird es mit Brettern abgedeckt und nötigenfalls beleuchtet.

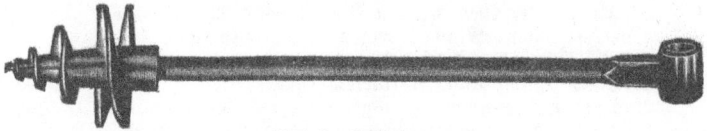

Bild 7. Erdbohrer.

Im festgewachsenen, steinfreien Erdboden lassen sich die Löcher am leichtesten durch Bohren herstellen. Die Schneide des dazu benutzten Erdbohrers (Bild 7) hat einen Durchmesser von 26 bis 30 cm. Je nach der Beschaffenheit des Erdbodens ist die Erde nach mehr oder weniger Drehungen des Bohrers am Handgriff aus dem gebohrten Loch zu heben.

Ist der Boden steinig oder sehr locker, so muß das Loch gegraben werden. Es kann dann nur stufenförmig angelegt werden. Damit aber die Stange einen festeren Halt bekommt, wird eine Ecke des Loches (→) senkrecht ausgestochen, an deren Seiten

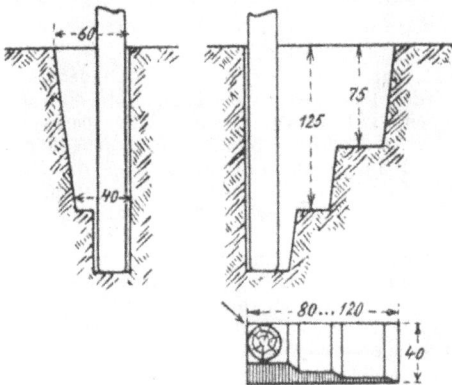

Bild 8. Gegrabenes Stangenloch.

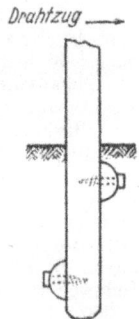

Bild 9.
Bodenverstärkung.

sich dann die Stange lehnen kann (Bild 8). Die Stufen werden in der Richtung der Linie, an Böschungen zur Verringerung des Bodenaushubs dagegen quer zur Linie angelegt.

In sehr lockerem Boden müssen die Lochwände durch Bretter abgesteift werden, damit das Erdreich nicht nachfällt.

Weicher Erdboden gibt dem Druck der Stange leicht nach. Daher muß die Druckfläche vergrößert werden. Zu diesem Zwecke werden zwei 1 m lange Halbhölzer auf entgegengesetzten Seiten mit der Stange verschraubt (Bild 9). Hierbei sitzt das obere Halbholz auf der Seite, nach der der Zug wirkt. Statt der Hölzer können auch genügend breite und lange Steine genommen werden, die in der gleichen Weise gegen die Stange gelegt werden.

Löcher im Moorboden werden mit Romperit gesprengt. Es entsteht hierbei ein zylindrisches Loch, und das Wasser wird gleichzeitig verdrängt.

In Felsen oder wo es sonst angebracht ist, werden die Stangenlöcher mit Schießpulver gesprengt. Hierzu bedarf es eines Monteurs, der mit diesen Arbeiten vertraut ist und auch die polizeiliche Erlaubnis hierzu besitzt, und der Beachtung der polizeilich vorgeschriebenen Sicherheitsmaßnahmen. Die Monteure müssen während der Sprengungen einen schußsicheren Platz einnehmen.

ζ) *Aufrichten.*

Die Stange wird mit dem Stammende so über das Loch gelegt, daß es in die Ecke gleiten kann. Damit hierbei keine Erde abgestoßen wird und das Loch füllt, wird ein Gleitbrett vor die senkrecht abgestochene Wand gestellt. Die Stange wird von mehreren Monteuren aufgerichtet, die sie auf die Schulter nehmen und sich vom Zopf nach dem Stammende bewegen. Ein Monteur hält das Stammende mit einem Hilfsgerät (Druckgabel, Bild 10) nieder, ein anderer hilft am Zopfende mit einer Leiter oder einer gabelförmigen Stange (Bild 11) nach.

Längere Stangen werden mit einem am Zopfende befestigten Tau aufgerichtet, wobei sie mit zwei Seilen gegen seitliches Ausweichen gehalten werden.

Nach dem Aufrichten wird die Stange so gedreht, daß der First des Zopfendes in gerader Linie senkrecht zur Straße usw., in Krümmungen in der Mittelkraft des Drahtzuges steht, genau eingefluchtet und senkrecht gestellt.

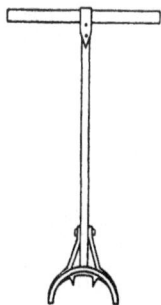

Bild 10. Druckgabel.

Bild 11. Aufrichtgabel.

Darauf werden die Löcher wieder zugeschüttet.

η) *Füllen der Stangenlöcher.*

Das Stammende wird mit größeren Steinen oder Felsstücken festgekeilt. Der übrige Raum wird mit dem ausgehobenen Boden oder feinerem Felsgeröll, das mit Erde oder Sand vermengt wird, gefüllt und festgestampft und die Füllung oben durch einen Steinkranz abgeschlossen.

f) Verstärken.

α) *Allgemeines.*

In einer gerade verlaufenden Linie besitzen die 50 m auseinander stehenden Stangen, die $1/_5$ ihrer Länge im Erdboden stehen und mit Querträgern ausgerüstet sind, auch bei einem senkrecht auf die Linie wirkenden Winddruck ausreichende Sicherheit gegen Umbrechen. Dagegen müssen die Stangen in Krümmungen der Linie (Winkelpunkten) und bei einseitigen Drahtzügen (Abspannungen beim Übergang der Freileitung in Kabel oder bei Einführungen (s. S. 90) sowie bei Festpunkten (s. S. 136), die gegen das reihenweise Umbrechen und Ausweichen der Stangen unter einseitigem Drahtzug in die Linie gefügt werden, verstärkt werden. Die Verstärkung wird durch zusätzliche Mittel in Form von Streben und Ankern oder durch zusammengesetzte Gestänge (Kuppelstange und Spitzbock, s. S. 39 u. 40) erzielt. Die Strebe wirkt dem aufzunehmenden Druck durch ihre Festigkeit in der Längsrichtung entgegen. Dieser Druck kann längere Streben zerknicken. Der Anker wird auf Zug beansprucht. Beide Verstärkungsmittel

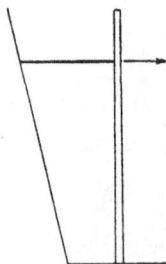

Bild 12. Waagerechter Gegenzug.

wirken am stärksten, wenn sie waagerecht an dem Punkt angesetzt werden, an dem der Drahtzug usw. angreift. Das ist nur an gemauerten Böschungen, Felswänden usw. möglich (Bild 12). Gewöhnlich werden sie in einem spitzen Winkel zu der Stange stehen müssen und auch nur unterhalb des Angriffspunktes der Mittelkraft aus dem Drahtzug angebracht werden können. Je größer nun der Winkel ist und je näher die Befestigungsstelle an den Angriffspunkt rückt, desto besser ist die Wirkung des Verstärkungsmittels. Mit der Vergrößerung des Winkels wächst aber auch die Länge des Verstärkungsmittels und damit nimmt seine Festigkeit ab, wenn nicht sein Fußpunkt

erheblich höher als der der Stange gelegt werden kann. Daher bewegt sich die Größe des Winkels zwischen 30 und 45° (Bild 13). Dies entspricht einem Verhältnis des Fußpunktabstandes zur Höhe des Verstärkungsmittels von 1 : 2 bis 1 : 1, wobei dieses Verhältnis aus den obigen Gründen günstiger ist, wenn es der Raum zuläßt.

Die Strebe ist dem Anker vorzuziehen, weil sie den Druck stets gleichmäßig aufnimmt. Der Anker, der aus Stahldrahtseilen besteht, verändert durch Wärmeschwankungen seine Länge, wodurch die Stange beeinflußt wird, und ist außerdem elastisch, so daß sich die Stange bei veränderlicher Belastung, z. B.

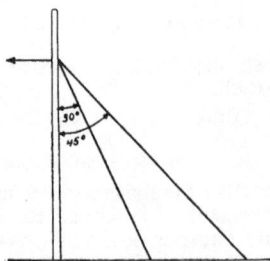

Bild 13. Gegenzug mit 30° und 45°.

bei Windstößen, bewegen kann. Dies kann zu Verschlingungen der Leitungsdrähte führen und ist daher unerwünscht. Immerhin bieten aber die Anker den Vorteil, daß sie zwischen den Isoliervorrichtungen befestigt werden und daher dem Angriffspunkt der Mittelkraft näher kommen können als die Strebe.

Die Wahl zwischen beiden Verstärkungsarten hängt davon ab, welches Mittel das kürzeste ist.

Die Verstärkungsmittel werden sogleich beim Stellen der Stange angebracht, damit sich die Stange nicht unter dem Einfluß der Drahtspannung schief ziehen kann. Sie müssen in Winkelpunkten mit der Richtung der Mittelkraft aus dem Drahtzug eine lotrechte Ebene bilden.

Diese Mittelkraft fällt bei gleichen Stangenfeldern mit der Winkelhalbierungslinie zusammen und läßt sich mit 2 leichten Stangen und einer Schnur leicht bestimmen (Bild 14). In die Sehlinien zwischen der im Winkel stehenden Stange $S\,2$ und den anderen beiden, den Winkel bildenden Stangen $S\,1$ und $S\,3$ wird im Abstande von 4 m von $S\,2$ je eine der beiden leichten Stangen $L\,1$ und $L\,2$ senkrecht in den Erdboden getrieben.

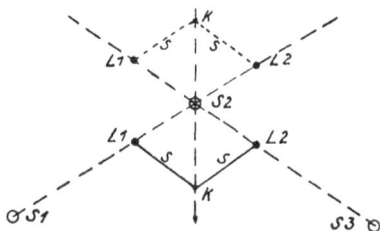

Bild 14. Ermittlung der Mittelkraft.

Zur Halbierung des Winkels $S\,1\,S\,2\,S\,3$ wird die 7 bis 8 m lange Schnur S in der Mitte mit einem Knoten K versehen und ihre freien Enden mit den Stangen $L\,1$ und $L\,2$ verbunden. Wird sie an dem Knoten erfaßt und gespannt, so gibt die Lage des Knotens zu der zu verstärkenden Stange ($S\,2$) die Richtung der Mittelkraft an, in der die Strebe liegen muß. Ein Anker muß in derselben lotrechten Ebene jenseits der Stange liegen. Die Stangen $L\,1$ und $L\,2$ werden dann in Verlängerung der Schenkel des Winkels, der von den beiden Stangenfeldern gebildet wird, in den Boden geschlagen und dann wie vorher verfahren.

Sind die beiden Stangenfelder stark verschieden lang und damit auch die Drahtzüge ganz verschieden, so stellt die Halbierungslinie des Winkels nicht mehr die Mittelkraft dar. Mit den Luftwärmeschwankungen verändert sich auch die Stärke der beiden Seitenkräfte und damit die Lage der Mittelkraft. Es ist also nicht möglich, beide Seitenkräfte durch eine entgegenwirkende Mittelkraft aufzuheben. Die Seitenkräfte werden daher, wenn es sich um größere Unterschiede handelt, einzeln durch Streben oder Anker abgefangen, die genau in der Richtung der Linie liegen, und zwar Streben innerhalb, Anker außerhalb der Stangenfelder.

Von diesem Verfahren wird auch Gebrauch gemacht, wenn der Raum die Anbringung einer Strebe oder eines Ankers in der Mittelkraft nicht zuläßt.

Bei der Verstärkung der Stangen in geraden Linien zur Bildung von Linienfestpunkten (s. S. 41) liegen die Streben und Anker ebenfalls in der Richtung der Linie.

3*

Überführungsgestänge (s. S. 53) müssen so verstärkt werden, daß sie ständig den vollen einseitigen Drahtzug aufnehmen können.

β) *Streben.*

An die Druck- und Knickfestigkeit der Streben werden die gleichen Anforderungen gestellt wie an die Stangen selbst. Sie müssen daher sowohl hinsichtlich ihrer Stärke als auch ihrer Behandlung den Stangen entsprechen. Während sie dann den Ansprüchen an die Druckfestigkeit in allen Fällen vollauf genügen, gewinnt die Knickgefahr schon bei Längen von 3 bis 4 m an Bedeutung.

Die Streben müssen aber auch lang genug sein, um mit genügend großem Winkel nahe an den Angriffspunkt der Mittelkraft zu gelangen. Diese Forderung steht mit der Festigkeit in Widerspruch. Beides muß daher von Fall zu Fall so abgeglichen werden, daß der größte Nutzen erzielt wird.

Das obere Strebenende muß sich gut an die Stange lehnen und wird daher entsprechend ausgearbeitet. Eine Tränkung dieser Stelle mit Karbolineum beugt der Fäulnis vor. Die Strebe wird an der Stange durch einen Schraubenbolzen befestigt (Bild 15).

Lange Streben werden wegen der Knickgefahr in ihrer Mitte mit der Stange durch einen Querriegel aus Rundholz verbunden, der senkrecht zur Strebe steht (s. Bild 15). Im rechten Winkel zur Stange (im Bild 15 punktiert) wird ein Durchbiegen der Stange verhütet, das eintreten kann, wenn die Strebe mit ihrem Zopf tief unter dem Angriffspunkt des Drahtzuges liegt. Der Fuß der Strebe muß im Boden einen festen Widerstand finden. Gewöhnlich genügt hierzu das Unterlegen eines großen, flachen Steines.

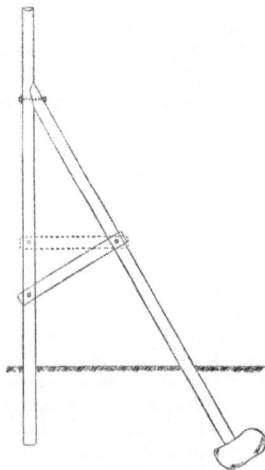

Bild 15. Strebe mit Querriegel.

γ) *Anker.*

Der Anker soll eine Zugkraft aufnehmen und besteht aus einem Stahldrahtseil. Bei geringen Beanspruchungen kann er auch aus mehreren dicken, verzinkten Eisendrähten gedreht werden. Er muß stark genug sein, um dem Zuge zu begegnen, der in Winkelpunkten durch die Leitungsdrähte und in gerader Linie durch den Wind hervorgerufen wird, um den Anforderungen der Linienfestpunkte (s. S. 41) zu genügen. Seine Beanspruchung wird von der Größe des Winkels beeinflußt, mit dem er angreift. Sie wächst im Verhältnis, wie die Winkelgröße abnimmt.

Auch die Anker sollen so hoch wie möglich angreifen, um eine gute Wirkung zu erzielen. Die Stelle, an der sie an der Stange befestigt werden, muß bei Seitenankern in Winkelpunkten und Linienankern mit dem Angriffspunkt der Mittelkraft aus dem Drahtzuge zusammenfallen. Sie liegt in der Mitte zwischen dem obersten und untersten Querträger. Anker gegen den Winddruck können wegen der nur vorübergehenden, kürzeren Beanspruchung unterhalb der Querträger liegen.

Das Ankerseil wird um die Stange geschlungen (Bild 16) und das Heruntergleiten der Schlaufe (a) durch einen Ankerhaken (b) verhindert. Gegen das Einschneiden kann die Stange durch Platten aus Bandeisen (c) geschützt werden. Bild 17 gibt den Ankerhaken wieder. Die Schlaufe selbst wird in einer Seilklemme (Bild 18) festgelegt. Beim Anziehen der mit einer Unterlegscheibe (a) auf dem Füllring (b) ruhenden Mutter (c) hebt sich das Zieh-

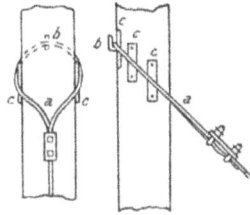

Bild 16. Befestigung des Seiles an der Stange.

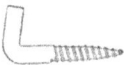

Bild 18. Seilklemme.

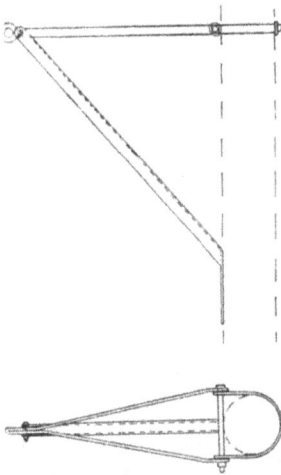

Bild 17. Ankerhaken.

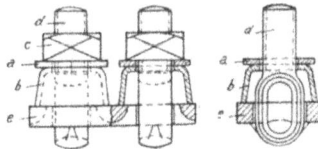

Bild 19. Ankerstütze.

band (d) und drückt die in seine Öse gelegten Seile gegen die für beide Klemmen gemeinsame Lasche (e).

Anker in Winkelpunkten erhalten eine Stütze, die zwischen den Querträgern an der Stange befestigt wird und den Anker außerhalb des Raumes für die Leitungsdrähte bringt. Diese Ankerstütze (Bild 19) wird durch Schelle und Bolzen mit der Stange verbunden und durch die Schräge, die an die Stange geschraubt wird, gestützt. Der Ring am äußersten Ende nimmt das Ankerseil auf.

Das andere Ende des Seiles wird möglichst an einem natürlichen Festpunkt verankert. Hierzu wird in den Felsen oder das

Mauerwerk eine Steinschraube (Bild 20) mit Zement, Blei oder Schwefel angebracht. Sie muß im Winkel zum Anker sitzen, damit sie den Zug aufnehmen kann, ohne gelockert oder herausgerissen zu werden. Ihre Öse darf nur so weit vorstehen, als es zur Befestigung des Drahtseiles nötig ist.

Das Drahtseil endet an dieser Stelle sowie an einer Ankerstütze in einer

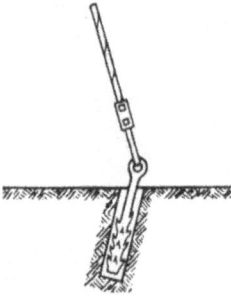

Bild 20. Steinschraube.

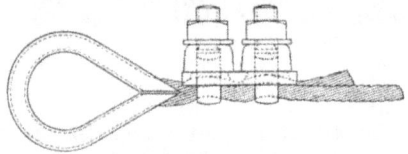

Bild 21. Kauschenbund.

Kausche aus verzinktem Stahlblech (Bild 21), um ein Brechen der einzelnen Stahldrähte zu vermeiden.

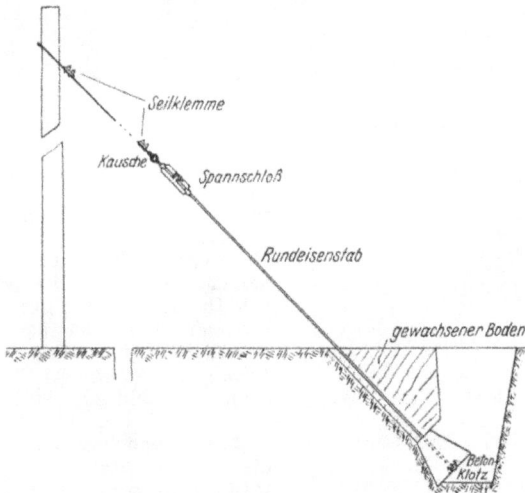

Bild 22. Anker mit Betonklotz.

Bietet sich keine derartige Gelegenheit zur Verankerung der Stange, so wird ein kegelförmiger Betonklotz 1 m tief ins Erdreich gebettet. Er muß sich hierbei in der Richtung des Seilzuges gegen den gewachsenen Boden legen (Bild 22). Im Erdboden

wird zwischen dem Betonklotz und dem Seil ein Rundeisenstab
eingefügt, weil das Drahtseil hierin leicht durchrostet. Der Eisen-
stab wird im Betonklotz mit einer Öse durch einen Vorstecker
und eine Vorlegeplatte befestigt und gegen Rost durch einen Teer-
anstrich geschützt. Er wird mit seinem aus dem Erdboden ragenden
und mit einem Gewinde versehenen Ende in ein Spannschloß
(Bild 23) geschraubt und ist so
lang zu bemessen, daß das Spannschloß bequem vom Erdboden aus
benutzt werden kann.

Nach dem Herstellen des
Ankers wird das Loch zugeworfen
und die Erde festgestampft. Darauf wird das Spannschloß durch
Rechtsdrehung des rahmenförmi-

Bild 23. Spannschloß.

gen Mittelstückes so weit gespannt, bis der Drahtzug oder der
Winddruck die Stangen bestimmt nicht aus dem Lot bringen
kann. Die Gewinde des Spannschlosses müssen gut geölt sein,
damit die Spindeln nicht festrosten.

Bild 24. Ankerschelle.

In Ortschaften ist es vorzuziehen, das
Spannschloß aus dem Bereich unbefugter Hände
zu bringen. Es wird daher mit einer Ankerschelle (Bild 24) oben an der Stange befestigt
und für den Ankerklotz ein Ankerstab mit
2 Augen vorgesehen, in dessen zweites Auge das
Ankerseil mit einer Kausche befestigt wird.

Lassen die örtlichen Verhältnisse eine Verankerung der Stange
in der beschriebenen Weise nicht zu, so ist die Verstärkung viel-
leicht über eine kurze, kräftige Hilfsstange möglich, die gut verankert werden kann. Das Ankerseil wird dann um die Hilfsstange
einmal herumgeschlungen, durch einen Ankerhaken gegen das
Heruntergleiten gesichert, und dann auf übliche Art verankert.

Drahtanker werden nur als Behelf oder in Linien mit einer
Belastung bis zu 8 Bronzedrähten von 1,5 mm Durchmesser benutzt. Sie bestehen aus zwei 4 mm dicken Stahldrähten und
werden an der Stange sowie am Ankerklotz mit einer Schlinge
befestigt. Hierbei werden die Enden dicht nebeneinander um
die beiden Stahldrähte gewickelt. Der Anker wird durch Ver-
drillen der beiden Drähte von der Mitte aus gespannt.

δ) Kuppelstange.

Kuppelstangen werden gebraucht, wenn kein Platz für die
nötige Strebe oder den erforderlichen Anker vorhanden ist und
auch ein Spitzbock (s. u.) nicht gestellt werden kann. Sie bestehen aus zwei nebeneinander angeordneten Stangen, die sich durch
Behobeln möglichst anpassen und durch Bolzen miteinander verbunden werden (Bild 25). Damit sich der Kopf und die Mutter
der Bolzen nicht ins Holz eindrücken, werden Scheiben unter-
gelegt. Die neu bearbeiteten Flächen sowie die Bohrlöcher müssen,

um der Fäulnis keinen Eingang zu verschaffen, mehrmals mit Karbolineum gestrichen werden.

Eine Kuppelstange wird so aufgestellt, daß die durch beide Stangenachsen gelegte Ebene bei gerader Linie senkrecht hierzu und in Krümmungen in der Richtung der Mittelkraft des Drahtzuges steht. Gegen das Eindrücken einer der gekuppelten Stangen auf der Seite des Drahtzuges in den Boden dient ein untergelegter großer Stein.

ε) *Spitzbock.*

Weit günstiger als die Kuppelstange wirkt sich der Spitzbock aus, weil er infolge seiner Bauart nur auf Druck und Zug beansprucht wird. Er besteht aus zwei schräge gegeneinander gestellten Stangen, deren bis zur Hälfte ihres Durchmessers geschwächte Zopfenden 50 bis 75 cm glatt aneinander liegen und durch zwei Bolzen verbunden sind (Bild 26). Hierbei liegt der obere Bolzen 15 cm unterhalb des Zopfes, während der untere 5 cm über den auseinandergehenden Stangen sitzt. Zu beiden Seiten der Stammenden wird der Spitzbock durch eine Schwelle festgelegt. Sie wird der Rundung der Stangen entsprechend ausgekehlt und 35 cm von den Stammenden durch Bolzen mit den Stangen verbunden.

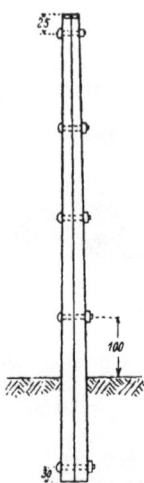

Bild 25.
Kuppelstange.

Etwa in der Mitte der lichten Höhe, vom Erdboden ab gerechnet, wird zwischen die Schenkel ein weiterer Querriegel aus Rundholz (Mittelriegel) eingefügt. Er wird mit seinen Hirnflächen den Stangen angepaßt, in seiner ganzen Länge durchbohrt und durch einen hindurchgehenden Bolzen fest an die Stangen gebracht. Das Aufplatzen des Rundholzes beim Bohren kann vermieden werden, wenn vorher zwei Drahtbunde aufgebracht werden, die auch gegen späteres Spalten belassen werden können.

Längere und stark beanspruchte Spitzböcke erhalten an Stelle des Mittelriegels einen Ober- und einen Unterriegel, die seitlich mit Bolzen angebracht werden.

Sämtliche neue Schnittflächen, Auskehlungen und Bohrlöcher müssen gegen Fäulnis mehrmals mit Karbolineum gestrichen werden.

Bild 26. Spitzbock.

Der Spitzbock wird so aufgestellt, daß die durch seine Stangenachse gelegte Ebene bei geraden Linien senkrecht zu der Drahtrichtung stets und in Krümmungen mit der Richtung der Mittelkraft des Drahtzuges zusammenfällt.

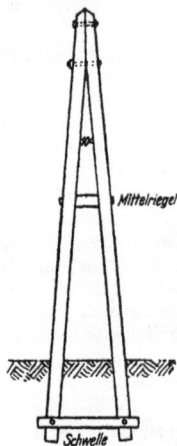

Der Widerstand des Spitzbockes gegen seitlichen Zug wächst mit der Größe der Spreizung. Er ist selbst bei 3,5° größer als in der Kuppelstange. Bei 7° beträgt er etwa das 4,5fache, bei 10° das 8fache der einzelnen Stange. Über 15° wird gewöhnlich nicht hinausgegangen, weil beim Stellen dieses Spitzbockes zu viel Erde ausgehoben werden muß.

Die Löcher für Spitzböcke erfordern eine Breite von 70 bis 80 cm und eine Länge, die der der Schwelle entspricht. Sie bieten dem Monteur zum ungehinderten Graben Platz und bedürfen daher keiner Stufen. Unter die Stange, die dem Druck ausgesetzt ist, wird stets ein flacher Stein gelegt. Gegen ein Kippen des Spitzbockes in besonders leichtem Boden wird an der gezogenen Stange eine Bohle auf die Schwelle gelegt und mit Steinen beschwert.

g) Besondere Verstärkungen.

α) *Gegen Winddruck.*

Außer den Seitenverstärkungen, die gegen die Winde aus vorherrschender Richtung geschaffen worden sind, muß jede zweite oder dritte Stange auch nach der anderen Seite gesichert werden.

β) *Besonders gefährdeter Linien.*

In Sturm- und Rauhreifgebieten der Gebirge werden die Stangen so kurz wie möglich gehalten und in verkürzten Abständen von 25 bis 30 m gestellt. Jede Stange einer Linie, die auf hohe Berge führt, ist zu verstärken.

Schwächere Leitungen, die bei starkem Eisansatz häufig reißen, werden durch dickere ersetzt.

Der Drahtzug oder die Bruchgefahr kann bei Abspannungen, an scharfen Winkelpunkten oder bei besonders sicherer Aufhängung oberhalb von Niederspannungsanlagen durch Vergrößerung des Durchhanges verringert werden, wenn die Berührungsgefahr dadurch nicht größer wird.

An der Küste werden die Stangen gegen die von der See kommenden Stürme seitlich verstärkt und in verkürzten Abständen gestellt, um Drahtverschlingungen zu verhüten.

h) Linienfestpunkte.

Jede zehnte Stange wird umbruchsicher gebaut und erhält zu diesem Zweck in der Richtung der Leitungsdrähte zu beiden Seiten eine Strebe oder einen Anker und außerdem einen Windanker. Außer diesen Festpunkten in regelmäßigen Abständen werden die Stangen am Anfang und Ende einer stärkeren Krümmung wie ein Festpunkt verstärkt. Auch diese Verstärkungsmittel in der Linienrichtung müssen mit großem Winkel in der Nähe der Mittelkraft der Drahtzüge angreifen, also in der Mitte zwischen dem obersten und untersten Querträger befestigt werden. Hierfür sind die Streben am zuverlässigsten. Beide Streben werden durch einen gemeinsamen Schraubenbolzen mit der Stange verbunden.

Von Ankern kann Gebrauch gemacht werden, wenn die Stange nicht mit mehr als 8 Bronzedrähten von 1,5 mm Durchmesser oder 4 Hartkupferdrähten von 3 mm Durchmesser belastet ist.

i) Sicherungen.

Die Stützpunkte sind an einigen Stellen verschiedenen Gefahren ausgesetzt. Sie können angefahren oder von weidendem Vieh beschädigt oder auch vom Blitz getroffen werden.

α) *Prellsicherungen.*

Gegen das Anfahren mit Fuhrwerken werden 1,5 m lange Prellpfähle oder Prellsteine vor die Stangen gestellt (Bild 27). Zu Prellpfählen werden Rundhölzer (Stangenabschnitte) von 15 cm Durchmesser, zu Prellsteinen 20 . 20 cm starke Steine genommen. Sie werden 75 bis 90 cm tief und zur Stange geneigt eingegraben. Nach dem Einfüllen des Loches wird die Erde festgestampft. Die Prellsicherungen müssen dann mindestens 10 cm von der Stange abstehen, damit sich die Stöße, die sie empfangen, nicht auf die Stange übertragen können.

Besteht die Gefahr, daß die Stange von beiden Seiten angefahren werden kann, z. B. an Straßenkreuzungen, so werden 2 Prellpfähle gesetzt, die auch durch einen Schraubenbolzen zu einem Bock vereinigt werden können.

Wie die Stangen, werden auch die Verstärkungsmittel gesichert.

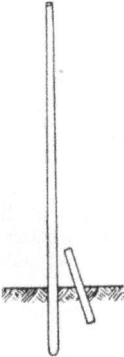

Bild 27.
Prellpfahl.

β) *Scheuerpfähle und -böcke.*

Gegen die Beschädigungen durch das Vieh werden die Stangen auf dem Weideland oder in der Nähe der Tränke durch Scheuerpfähle geschützt. Zu den Pfählen werden genügend lange Stangenabschnitte genommen, die um die Stange herum in gleichmäßigen Abständen von der Stange und untereinander entsprechend tief ins Erdreich gesetzt werden.

Die Verstärkungsmittel der Stange werden durch Scheuerböcke gesichert (Bild 28). Sie bestehen aus zwei 1,5 m langen Stangenabschnitten, die gegeneinander geneigt, 1 m tief eingegraben und mit einem Schraubenbolzen vereinigt werden, ohne die Strebe oder den Anker zu berühren.

γ) *Blitzschutz.*

In gewitterreichen Gegenden wird jede fünfte Stange mit einer Blitzableitung versehen. Sie besteht aus einem 5 mm dicken, verzinkten Stahldraht, der 15 cm über das

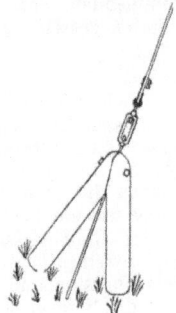

Bild 28. Scheuerbock.

Zopfende hinausragt und mit Drahtkrampen an der Stange bis in die Erde herabgeführt wird. Dort wird der Draht in mehreren Ringen aufgeschossen oder in den Straßengraben geleitet, wo er in 5 m Länge 40 cm tief in die Sohle eingegraben wird.

Besitzt eine Stange einen Anker, der in das Erdreich führt, so wird dieser für die Blitzableitung mitbenutzt (Bild 29). Er wird zu diesem Zweck in der Seilklemme (a) mit einem 5 mm dickem Stahldraht (b) verbunden, der mit Drahtkrampen (c) an der Stange hoch- und in gerader Richtung 15 cm über das Zopfende hinausgeführt wird. Dieser Schutzdraht kann auch an den übrigen, zwischen den fünften Stangen befindlichen, mit Ankern versehenen Stützpunkten angebracht werden.

Die Schutzdrähte an den Stangen dürfen weder die Hakenstützen noch die Querträger berühren, weil hierdurch die Ableitungen bei nassem Wetter begünstigt werden. Sie sind daher stets in der Lücke zwischen Stange, Querträger und Ziehband hindurchzuführen.

Die an Gebäudemauern, Felswänden usw. verankerten Stangen werden ebenfalls mit einer Blitzableitung versehen. Der Erddraht wird unter die Schlinge des Ankerseiles gesteckt, damit sich beide gut berühren.

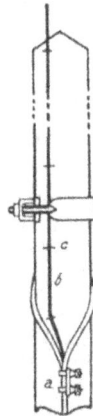

Bild 29.
Blitzschutzdraht in Verbindung mit Anker.

Bild 30.
Rohrschelle.

Einzelstützen usw. an und auf Gebäuden werden durch eine Rohrschelle (Bild 30) und Bleizwischenlage mit zwei 4 mm dicken, verdrillten, geerdeten Stahldrähten verbunden. Sie bedürfen keines besonderen Blitzschutzes, wenn sie für das Haus keine erhöhte Blitzgefahr bedeuten, also z. B. nicht über das Dach hinausragen oder in dauernd feuchten Mauern sitzen, oder wenn das Gebäude einen Hausblitzableiter oder einen geerdeten Rohrständer besitzt.

k) Anbringen der Isoliervorrichtungen.

Die Isoliervorrichtungen werden nur für den Tagesbedarf auf der Baustrecke verteilt, damit sie nicht zu Bruch gehen oder entwendet werden.

α) Hakenstützen.

Die Hakenstützen (s. Bild 4 auf S. 28) mit ihren Doppelglocken werden bereits vor dem Aufrichten der Stangen angebracht (Bild 31). Die Löcher für die Schrauben der Hakenstützen werden mit einem Löffelbohrer genau senkrecht zur Stangenachse gebohrt. Sie dürfen nur so weit sein wie

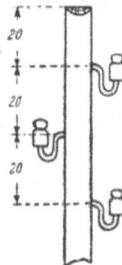

Bild 31.
Anordnung der Hakenstützen.

die Dicke und $^3/_4$ so tief wie die Länge des Schraubenkernes. Die Schraube wird ganz ins Holz gedreht.

β) *Querträger.*

Die Querträger werden aus **U**-Eisen in 2 Profilen hergestellt. Das eine ist für die stärkeren (I), das andere für die schwächeren Stützenpaare (III) bestimmt. Die Querträger werden für 2, 4 (Bild 32),

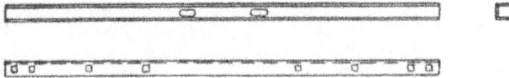

Bild 32. Querträger zu 4 Stützenpaaren.

6 und 8 Stützenpaare bemessen, zu deren Aufnahme in den Flanschen vierkantige Löcher vorgesehen sind. Im Steg sitzen längliche Löcher zum Durchstecken der Enden eines Ziehbandes oder von Schraubenbolzen.

Die Querträger werden wegen ihres Gewichtes erst an der stehenden Stange angebracht.

Bei Arbeiten auf ungepflastertem Erdboden sind die Leitern mit eisernen Schuhen fest in den Boden zu stoßen, und zwar an Landstraßen auf der Feldseite, an der Bahn in der Richtung der Gleise. An die mit einem Anker versehenen Stangen ist die Leiter auf der Ankerseite, an die mit einer Strebe ausgerüsteten Stangen an die der Strebe entgegengesetzten Seite anzulegen. Bei allen Arbeiten von der Leiter aus am Gestänge muß sich der Monteur mittels Sicherheitsgürtel (Bild 33) am Querträger gegen Abgleiten sichern.

Bild 33. Sicherheitsgürtel.

Die Dorne der Schnallen müssen richtig in die Riemenlöcher greifen und die Riemen durch die Schlaufen gezogen werden.

Die Querträger werden sämtlich an derselben Stangenseite angeordnet. An der Abspannstange müssen sie vom Drahtzug gegen die Stange gepreßt werden. Diese Seite wird dann bei den anderen Stangen beibehalten. Die Querträger liegen mit der offenen Seite nach innen. Der oberste Querträger wird 20 cm unterhalb der Firstkante der Stange, die übrigen mit einem gegenseitigen Abstand von 40 cm angebracht. Ihre Befestigung erfolgt an einfachen Stangen mit Ziehbändern, an Kuppelstangen und Spitzböcken mit Schraubenbolzen. Das Ziehband (Bild 34) besteht aus Rundstahl. Damit es sich der Stangen-

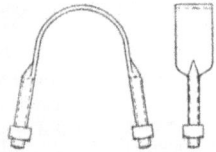

Bild 34. Ziehband für Querträger.

rundung gut anpaßt und einer Verdrehung des Querträgers entgegenwirkt, ist es in diesem Teil flach ausgeschmiedet. Zu jedem Ziehband gehört eine **M**-förmige Vorlageplatte (Bild 35), die in die offene Seite des Querträgers gelegt wird. Die Schraubenmuttern des Ziehbandes werden gleichmäßig so stark angezogen, daß die Vorlegeplatte durch den Querträger fest gegen die Stange gepreßt wird. Die Gewinde der Ziehbänder und der Isoliervorrichtungen sind beim Aufbringen gut einzufetten.

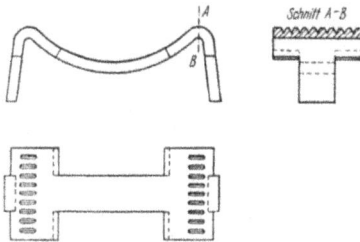

Bild 35. Vorlegeplatte für Querträger.

2. Stützpunkte besonderer Art.

Stößt die Verwendung von Holzstangen in Ortschaften aus irgendwelchen Gründen auf Schwierigkeiten, so können wenige Leitungsdrähte, z. B. für die Ring- und Schleifenleitungen der Uhren- und Feuermeldeanlagen, an Haus- und Felswänden auch von Mauerstützen und Mauerbügeln getragen werden. Sie müssen dann aber, sofern es sich nicht um Einführungen handelt, isoliert oder umhüllt sein. Zur Führung der Leitungen werden möglichst Straßen gewählt, in denen sich keine Starkstromfreileitungen und Straßenkreuzungen befinden und die Leitungen die Straßenseite nicht zu wechseln brauchen, sondern in gleichbleibender Höhe auf dem kürzesten Weg ihr Ziel erreichen können. Von den beiden Seiten der Straße wird die mit Häusern einfacher Bauart und annähernd gleich hoher Stockwerke bevorzugt. Die Benutzung der Fenster darf nicht beeinträchtigt werden. Die Drähte dürfen aber auch nicht von den Fenstern erreicht werden können (siehe unter Allgemeines auf S. 21).

a) Mauerstützen.

Mauerstützen sind Hakenstützen. Sie werden entweder in einen Hartholzdübel der Mauer geschraubt oder mit einem Spreizdübel (Bild 36) befestigt. Ihr Abstand voneinander wird so bemessen, daß die oben angeführten Vorschriften erfüllt werden.

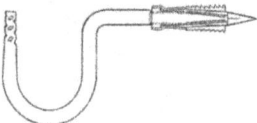

b) Mauerbügel.

Bild 36. Hakenstütze mit Spreizdübel.

Die Gestalt der Mauerbügel richtet sich nach dem zur Verfügung stehenden Raum. Ist Raum in senkrechter Richtung vorhanden, so nimmt ein Eisenrohr, das oben durch eine Kappe abgeschlossen ist (Bild 37) und von zwei in die

Mauer gesetzte Träger gehalten wird, die Isoliervorrichtungen auf (s. S. 28). Ist nach der Seite genügend Raum vorhanden, dann wird ein Querträger

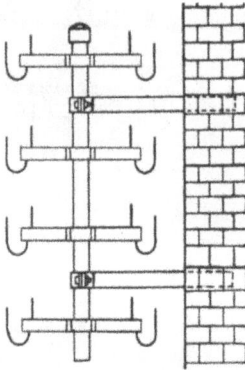

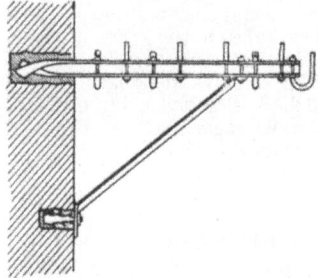

Bild 37. Mauerbügel aus einem Rohr mit Querträgern zu 2 Stützenpaaren.

Bild 38. Mauerbügel aus einem einseitigen Querträger.

einseitig in die Wand gemauert (Bild 38). Die Mauerbügel werden auf geraden Strecken rechtwinklig zu den Drähten, in Winkelpunkten in die Halbierungslinie des Winkels gestellt. Ist der Winkel 90° oder kleiner, so werden zu beiden Seiten des Scheitels Mauerbügel gesetzt.

D. Dachgestänge.

1. Beschaffenheit.

Bild 39. Abschlußkappe für Rohrständer.

Zu Dachgestängen werden gezogene Rohre aus Stahl mit 5 mm Wandstärke benutzt, die oben durch eine Kappe aus Zinkblech (Bild 39) abgeschlossen werden, damit das Regenwasser nicht eindringen kann. Sie werden so lang genommen, daß die Drähte frei über die Giebel der Nachbardächer hinwegführen und möglichst waagerecht verlaufen, und zur leichteren Handhabung gewöhnlich aus zwei Teilen von 2 oder 3 m zusammengeschraubt.

Außer den Rohrständern werden Dachstützen verwendet.

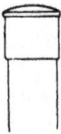

2. Aufnahmefähigkeit.

a) Rohrständer.

Die Aufnahmefähigkeit der Rohrständer an Leitungen und Isoliervorrichtungen hängt von ihrer Länge und der Art ihrer Befestigung (s. u.) ab. Ein 2 m langer, auf das Dach gesetzter Rohrständer, sogenannter vereinfachter Stützpunkt, kann acht 1,5 mm dicke Bronzeleitungen, ein längerer, am Dachbalken befestigter Rohrständer

36	28	22	18	Drähte
1,5	2	2,5	3	mm Durchmesser

aufnehmen.

b) Dachstützen.

Dachstützen (Bild 40) sind für 2 Isoliervorrichtungen vorgesehen.

3. Stellen.

a) Dacharbeiten.

Bei allen Dacharbeiten müssen alle Maßnahmen zur Verhütung von Unfällen getroffen werden.

Vor Beginn der Arbeiten sind auf der Straße, dem Hofe usw. die ortsüblichen Warnungsschilder aufzustellen. Dies bezieht sich auf alle Gebäude, die von den Arbeiten betroffen werden, z. B. auch auf diejenigen, von denen durch die zu ziehenden Drähte Dachziegel, Steine usw. losgerissen und herabgeworfen werden können.

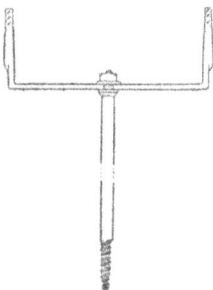

Bild 40. Dachdoppelstütze.

Oberhalb der Dachrinnen werden Fangvorrichtungen angebracht, die hinunterfallende Ziegelsteine, Mörtel, Werkzeuge usw. auffangen. Sie bestehen aus Holzrahmen mit Drahtgeflecht, die Gelenke besitzen und zusammenklappbar sind, und werden mit Haken und Tauen am Dach befestigt.

Zur Schonung der Dächer müssen die Monteure Filzschuhe tragen und nach Möglichkeit die Laufbretter benutzen. Ein Sicherheitsgürtel (s. Bild 33 auf S. 44) mit Leine schützt sie gegen Absturz. Die Leine ist an einem Dachsparren oder einem anderen festen Gegenstand zu befestigen und darf nicht über scharfe Kanten laufen. Schornsteine oder Fensterkreuze bieten keinen zuverlässigen Halt. Bei der Benutzung des Sicherheitsgürtels muß der Dorn der Schnalle richtig in das Riemenloch greifen und der Riemen durch die Schlaufe gezogen werden. Für die Arbeiten auf Schieferdächern werden Dachdeckerleitern gebraucht. Die Haken in den Dächern zum Einhängen der Leitern müssen vorher auf ihre Haltbarkeit geprüft werden. Die Leitern werden durch eine Leine gesichert.

Zinkdächer neigen im Winter zur Eisglätte und müssen daher mit Sand oder Asche bestreut werden.

Oberlichter müssen zum Begehen mit Brettern abgedeckt werden.

Die Bodenräume dürfen nur mit elektrischen Taschenlampen betreten werden.

Bei Lötarbeiten ist besonders vorsichtig zu verfahren. Stets muß ein Feuerlöscher zur Hand sein. Wegen des Gebrauches von Lötlampen siehe S. 120.

Die Rohrständer und die dazugehörigen Teile werden über die Haustreppe oder, wenn dies nicht möglich ist, mit ausreichend starken Zugleinen aufs Dach geschafft.

Das Dach ist nur so weit abzudecken, wie es die Arbeiten erfordern. Diese Öffnungen müssen sorgfältig zugedeckt werden, damit kein Regen ins Gebäude gelangen kann.

b) S t a n d o r t.

Dachgestänge lassen sich nicht so sichern wie Bodengestänge. Daher muß sowohl die senkrecht als waagerecht durch die Linie gelegte Ebene möglichst gerade verlaufen. Die Spannweite beträgt im allgemeinen 60 bis 75 m. Sie kann, wenn es z. B. zur Überquerung von Plätzen, Flüssen usw. unumgänglich ist, bei 12 Drähten mit 1,5 mm Durchmesser bis auf 150 m erhöht werden. Darüber hinaus müssen die Gestänge unbedingt umbruchsicher sein. Dies ist für die Auswahl der im Linienzuge liegenden Gebäude maßgebend. Häuser, deren Dachstuhl nicht für den sicheren Aufbau des Gestänges geeignet ist, scheiden, auch wenn sie hinsichtlich ihrer Lage günstig sind, für die Benutzung aus.

Der Standort des Gestänges auf dem Dache des zu benutzenden Hauses ist in erster Linie von der Sicherheit abhängig, mit der er gebaut werden kann. Daneben ist die oben erwähnte Linienführung ausschlaggebend. Die Gestänge werden durch besondere Aussteigeluken und nötigenfalls über Laufbretter erreicht.

Rauchgase greifen die Drähte an, daher werden die Leitungsdrähte möglichst fern von Schornsteinen geführt.

Die Gestänge können das von den Leitungen herrührende summende Geräusch auf das Haus übertragen. Dies macht sich besonders bemerkbar, wenn der Rohrständer an freien Brandmauern oder in der Nähe von Schornsteinen und Luftschächten angebracht wird. Diese Stellen sind daher ungeeignet.

c) B e f e s t i g u n g.
α) *Vereinfachter Stützpunkt.*

Zur Befestigung des vereinfachten Stützpunktes wird ein Schuh (Bild 41) mit zwei Holzschrauben oder Bolzen auf einen Sparren gesetzt. Das am unteren Ende durchbohrte Stahlrohr wird von den beiden Lappen des Schuhes und einem durchgesteckten Schraubenbolzen gehalten und durch zwei, der Neigung des Daches entsprechend lang bemessene Streben aus **T**-Eisen, die am Rohr mit Schellen, an den Sparren mit Schrauben befestigt werden, in lotrechter Stellung festgelegt (Bild 42).

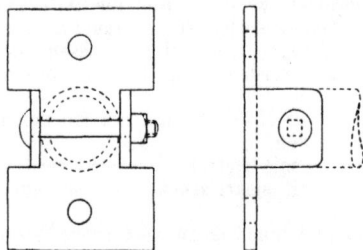

Bild 41. Rohrständerschuh.

Der Dachstuhl braucht in der Regel keine Verstärkung. Jedoch sind Sparren unter 10 . 12 cm Querschnitt zu schwach und müssen gemieden werden.

β) *Rohrständer.*

Rohrständer reichen durch das Dach hindurch und werden am Dachstuhl befestigt.

Die Dachstühle (Bild 43) entsprechen meistens nur der baupolizeilichen Sicherheit für die Eigenlast und den Winddruck, können also durch die zusätzliche Belastung mit dem Rohrständer gefährdet werden. In solchen Fällen muß der Dachstuhl verstärkt werden. Dies geschieht durch Hilfshölzer, die die auftretenden Zug- und Druckspannungen unter Entlastung des eigentlichen

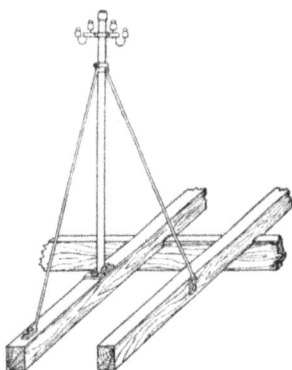

Bild 42. Vereinfachter Stützpunkt.

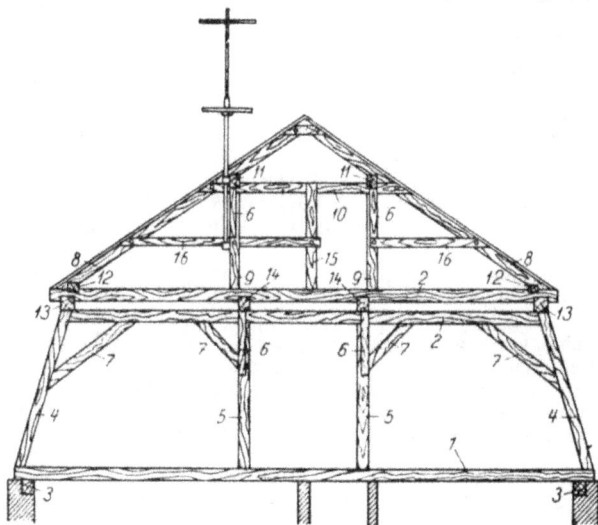

Bild 43. Bezeichnung der einzelnen Teile des Dachstuhls.

Dachstuhles möglichst vollkommen aufnehmen oder ausreichend auf mehrere Sparren (4 und 8) und Binder[1]) übertragen. Die Hilfs-

---

[1]) Binder sind Haupthölzer, die die Sparren mit den Balken (1 und 2) verbinden.

hölzer müssen völlig trocken, gesund und wurmfrei sein. Sie besitzen für Pfosten (5) und Balken (1 und 2) eine Dicke von mindestens 14 . 16 cm, für Zangen (10 und 16) 5 . 14 cm und werden untereinander und mit dem Balkenwerk des Dachstuhles durch kräftige Holzschrauben, Bolzen oder Klammern verbunden.

Für Schwellen (12 und 13) und Querriegel, an denen die Schellen für die Rohrständer befestigt werden sollen, wird Kreuzholz[1]) verwendet.

Am Balken wird der Unterteil des Rohrständers von zwei Schellen (Bild 44) im Abstande von 1 bis 1,5 m gehalten. Die Unterleg-

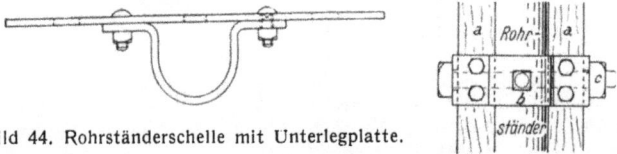

Bild 44. Rohrständerschelle mit Unterlegplatte.

platten der Schellen werden mit durchgehenden Schraubenbolzen am Balken befestigt. Sie müssen lotrecht übereinander sitzen, damit der Rohrständer gerade steht.

Bei Pfosten (a) von nur 18 oder 16 . 16 cm Dicke werden U-förmige Unterlegplatten (b) verwendet und mit einem durchgehenden Bolzen (c) befestigt (Bild 45).

Gegen das Durchgleiten des Rohrständers unter dem lotrechten Druck wird durch die untere Schelle, den Rohrständer und die Unterlegplatte eine Holzschraube gezogen.

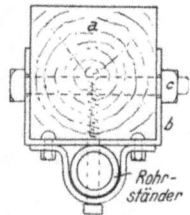

Bild 45. Befestigung eines Rohrständers an einem Pfosten.

In bewohnten Gebäuden werden zwischen dem Balkenwerk und den Unterlegplatten Lagen aus Kork, Gummi, Weichblei, Eisenfilz usw. gebracht, um eine Übertragung des Tönens der Leitungsdrähte abzuschwächen. Zu dem gleichen Zwecke wird der Rohrständerunterteil, nachdem er unten mit einem Holzpfropfen abgeschlossen ist, mit Sand, Asche oder feiner Schlacke gefüllt. Auf keinen Fall darf der Rohrständer auf dem Fußboden stehen.

(1 und 2): Balken sind waagerechte Haupthölzer.

(4 und 8): Sparren sind schräge, die Dachabdeckung tragende Haupthölzer.

(5): Pfosten sind senkrecht verlaufende Haupthölzer.

(10 und 16): Zangen sind waagerechte Verbindungen zwischen senkrechten und schrägen Außenhölzern (Sparren).

(12 und 13): Schwellen sind waagerechte Haupthölzer, die die Sparren mit den Balken verbinden.

[1]) Kreuzholz entsteht, wenn ein Baumstamm kreuzweise zersägt wird. Es spaltet sich dann nicht so leicht.

Die Stelle, an der der Unterteil aus dem Dache tritt, muß gut abgedichtet werden (Bild 46). Das Rohr (*a*) wird zu diesem Zwecke bei Schiefer-, Asphalt- und Zinkdächern mit einer 10 mm weiteren Blei- oder Zinktülle (*b*) umgeben, die auf dem Dach befestigt wird. Diese Befestigung ist je nach der Art des Daches verschieden. Bei Schieferdächern wird der flache Rand (*c*) der Tülle auf der höher liegenden Seite des Daches unter die wieder aufgelegte Schieferplatte (*d*) geschoben, während er auf der abfallenden Seite auf der Schieferplatte liegt, damit das Regenwasser abgeleitet wird. Bei Asphaltdächern wird der Rand der Tülle auf dem Dach festgenagelt und wieder mit Asphalt bedeckt. Bei Zinkdächern wird er mit dem Zinkblech gut verlötet. Über diese Tülle greift eine zweite, nach unten stark erweiterte (*e*), die mit dem blankgeschabten Rohrständer (*a*) verlötet wird.

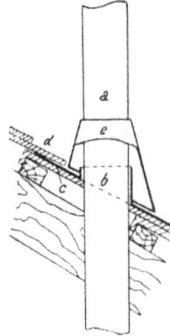

Bild 46.
Dachabdichtung.

Lassen die Dächer wegen der Feuersgefahr die Verlötung des Rohrständers mit der oberen Tülle nicht zu, so wird diese mit einer Schelle befestigt und die Stelle gut verkittet und mit Farbe überstrichen.

Zwischen beiden Tüllen besteht so viel Luft, daß sie sich selbst bei Schwankungen nicht berühren können.

Auf Ziegeldächern wird der Ziegel, der wegen des Rohrständers entfernt werden mußte, durch einen gleichgeformten aus Blei oder Zink mit Durchlaß ersetzt, der dann mit dem Rand der unteren Abdichtungstülle verlötet wird.

Vor dem Aufsetzen des Oberteiles werden beide Gewindeteile gut eingefettet und nachher das aufgeweitete obere Ende des Unterteiles voll Mennigkitt gedrückt, damit die Verbindungsstelle vor Wasser geschützt bleibt.

Bei kürzeren Rohrständern werden beide Teile auch schon vor dem Aufstellen zusammengeschraubt.

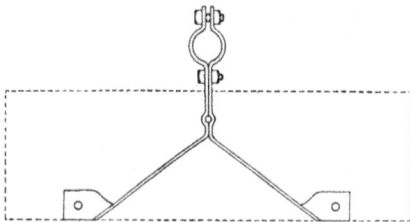

Bild 47. Trittbrettträger.

Der Rohrständer wird durch eine Verschlußkappe abgeschlossen (s. Bild 39 auf S. 46) und in angemessener Höhe mit einem Trittbrett und einer Steigestütze versehen. Das Trittbrett wird von einem Ständer getragen (Bild 47), der an dem Rohrständer mit seiner Schelle befestigt wird.

4*

γ) *Dachstütze.*

Die Dachstützen (s. Bild 40 auf S. 47) werden in die Dachsparren eingedreht.

4. Verstärken.

a) A l l g e m e i n e s.

An dem Gestänge wirkt das Gewicht des Rohrständers sowie
der Querträger, Stützen, Doppelglocken und Leitungen mit ihrer
Eisbelastung lotrecht nach unten, der Drahtzug und der Winddruck auf Gestänge und Leitungen waagerecht. Weder die Druck-
und Knickfestigkeit noch die Biegefestigkeit der Rohrständer
ist diesen Ansprüchen gewachsen. Daher müssen wenigstens die
äußeren Kräfte durch Verstärkungsmittel aufgehoben werden,
wobei die Belastung berücksichtigt werden muß, die unter den
ungünstigsten Verhältnissen eintreten kann.

Wie bei Bodengestängen wird nicht nur der einzelne Stützpunkt, sondern auch die Linie selbst gegen außergewöhnliche
Belastungen, z. B. beim Umbruch einzelner Gestänge, verstärkt.
Da aber die Festigkeit der Dachgestänge wesentlich geringer als
die der Bodengestänge ist, werden in Dachlinien mehr Linienfestpunkte genommen als in Bodenlinien. Auch sie werden sowohl
in der Richtung der Linie als auch senkrecht hierzu gegen den
Winddruck verstärkt, erhalten aber außerdem Mittel gegen das
Zusammenknicken.

Die Verstärkungsmittel bestehen aus Streben und Ankern,
deren innere Festigkeiten den auf sie wirkenden äußeren Kräften
entsprechen müssen. Die Strebe wirkt mit ihrer Druckfestigkeit,
wobei aber bei größeren Längen auch der Knickwiderstand beachtet
werden muß. Der Anker wird auf Zugfestigkeit beansprucht,
d. h. auf Zerreißen.

Der größte Knickwiderstand wird durch zwei in einer Ebene
liegende Streben erzielt. Aber auch schon durch eine Strebe
kann die lotrechte Zusatzlast, die die Strebe selbst im Rohrständer
hervorruft, ausgeglichen werden, weil sie nach oben drückt. Dagegen belastet ein Anker in dieser Hinsicht den Rohrständer,
vermindert also den ohnehin nicht sehr großen Widerstand.

Die Verstärkungsmittel lassen sich nicht immer in der Richtung
der Mittelkraft anbringen, weil die Dachsparren usw. hierfür un-
günstig liegen. Daher wird in solchen Fällen der Drahtzug jedes
Feldes abgefangen.

b) A n k e r.

Zu Ankern werden Stahldrahtseile genommen, die an beiden
Enden mit Kauschen versehen werden, damit sie an den Befestigungsstellen nicht durchscheuern (s. Bild 21 auf S. 38). Am
Rohr wird das Seil mit einer Schelle (Bild 48) festgelegt, die so
gesetzt wird, daß die weiten Backen in der Richtung des Ankers
liegen und dieser die Leitungsdrähte nicht berühren kann. Das
andere Ende des Seiles wird am Sparren mit einem Haken (Bild 49)

befestigt. An einer dieser Befestigungsstellen wird ein Spannschloß (s. Bild 23 auf S. 39) eingefügt. Es wird nach der Fertig-

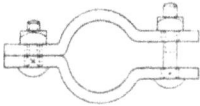

Bild 48. Anker- und Strebenschelle.   Bild 49. Befestigungshaken
                                                für das Ankerseil.

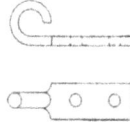

stellung des Ankers zunächst nur mäßig angezogen und erst beim
Aufbringen der Leitungen entsprechend gespannt.

c) S t r e b e n.

Zu Streben wird wegen seiner höheren Knickfestigkeit Formeisen (U- oder T-) verwendet. Auch die Streben werden mit
Schellen am Rohrständer festgelegt. Zu diesem Zweck wird das
Formeisen an diesem Ende zu einem Flach-
eisen umgeschmiedet, wobei die Flanschen
zur Verstärkung dieses Teiles angeschweißt
werden. Das so umgeformte Ende wird mit
einer Durchbohrung für den Bolzen der
Schelle versehen (Bild 50). Die Schelle wird
so gesetzt, daß die Strebe nicht mit den
Drähten in Berührung kommen kann. Beim
Anzug der Bolzen müssen die Lappen der
Schelle auf jeder Seite gleich weit voneinander entfernt sein.

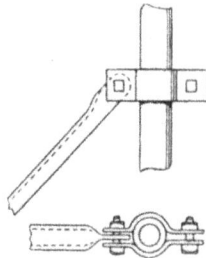

Bei den beiderseitigen Streben der
Linienfestpunkte wirkt immer eine als Strebe
und eine als Anker und beide entlasten sich
gegenseitig. Hierbei ist die Ankerwirkung
erheblich größer (s. Zahlentafel 1 auf S. 54).

Bild 50. Verbindung der
Strebe mit dem Rohr-
ständer.

d) A b s p a n n g e s t ä n g e.

Abspanngestänge werden bei Überführungen der Freileitungen
in Kabel und bei Einführungen erforderlich. Sie müssen den vollen
Drahtzug bei doppelter Sicherheit aushalten. Ihre Querträger
werden durchwegs mit U-Stützen versehen.

Zahlentafel 1. **Bemessung der Verstärkung bei einseitig wirkenden 1,5-mm-Bronzedrähten mit 1 mm dickem Eismantel.**

a) S t r e b e n.

T-Eisen m	NP 5/5 als			NP 6/6 als			NP 7/7 als		
	Strebe	Anker	Strebe und Anker	Strebe	Anker	Strebe und Anker	Strebe	Anker	Strebe und Anker
	A n z a h l d e r D r ä h t e								
1,5	12	46	58	24	66	90	40	88	132
2,0	7	46	53	14	66	80	25	88	113
2,5	4	46	50	9	66	75	16	88	104
3,0	3	46	49	6	66	72	11	88	99

b) A n k e r.

Stahldrahtseil	Nr. I 7,5 mm Dmr. 7 Drähte	Nr. II 9 mm Dmr. 7 Drähte	Nr. III 10,5 mm Dmr. 19 Drähte
Anzahl der Drähte . .	14	10	7

5. Blitzschutz.

Jeder Rohrständer wird auf dem kürzesten Wege mit der Erde verbunden, damit die bei atmosphärischen Entladungen frei werdenden Elektrizitätsmengen ohne Schaden anzurichten zur Erde abfließen können. Die Erdungsleitung wird möglichst an der Hofseite des Gebäudes verlegt und mit dem Erder verbunden (s. unter Erdungen, S. 157).

a) E r d u n g s l e i t u n g.

α) *Bandstahl.*

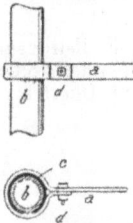

Bild 51.
Verbindung der Erdungsleitung mit dem Rohrständer.

Für die Blitzableitungen der Dachgestänge wird 30 . 2,5 mm starker verzinkter Bandstahl benutzt. Der Bandstahl (a im Bild 51) wird an einer blankgeschabten Stelle um den Rohrständer (b) gebogen und unter Zwischenlegung eines Bleistreifens von alten Kabelmänteln (c) durch einen Bolzen mit Mutter (d) festgeklemmt. Diese Stelle liegt gewöhnlich kurz über dem Dach. Die Erdungsleitung wird auf dem Dach mit Blitzableiterklemmen (Bild 52) befestigt, deren Schrauben in die Sparren eingedreht werden.

Ist der Anschluß über dem Dach aus irgendeinem Grunde nicht möglich, so erfolgt er dicht unter dem Dach. Der Bandstahl wird dann auf dem kürzesten Wege am Dachsparren entlang und zwischen der Holzverschalung des Daches und der Außenmauer hindurch nach außen geführt.

Bild 52. Blitzableiterdachklemme.

Hierbei müssen leicht entzündbare Gegenstände gemieden werden. Der Bandstahl wird am Sparren in Abständen von 1 m mit Krampen oder Holzschrauben befestigt. Dieser Anschluß hat den Vorzug, daß die Ziegel- und Schieferabdeckungen infolge der entbehrlichen Blitzableiterklemmen nicht angegriffen werden brauchen.

Der Bandstahl wird über vorspringende Gebäudeteile, z. B. Gesimse, in flachem Bogen geführt. Auch Richtungsänderungen werden nur in flachen Bogen ausgeführt, um den Elektrizitätsmengen keine Veranlassung zum Überspringen auf Gebäudeteile zu geben. Hierbei ist der Bandstahl nötigenfalls mit Hilfe zweier englischer Schraubenschlüssel zu verwinden, damit der Bogen nicht in die Hochkante fällt.

An der Hauswand wird der Bandstahl möglichst von den Fenstern aus unerreichbar mit Blitzableiterklemmen (Bild 53) befestigt. Für jedes Stockwerk genügen 2 Klemmen. Der Schaft wird ganz in das Mauerwerk eingelassen. Die untere Platte liegt also auf der Wand auf.

Die Erdungsleitung kann auch flach auf der Hauswand mit Schraubdübeln befestigt werden, wenn der Hauseigentümer damit einverstanden ist. Sie muß dann aber gegen den Mauersalpeter durch einen Anstrich geschützt werden.

Bild 53. Blitzableiterklemmen.

Zur Erhöhung seiner Widerstandsfähigkeit wird der Bandstahl vor seinem Eintritt in die Erde bis zu einer Tiefe von etwa 30 cm durch ein aufgeschraubtes Bandstahlstück verstärkt und mit Asphaltlack bestrichen.

β) Aluminium.

Statt des Bandstahls kann auch Aluminiumband von 25 . 3 mm Querschnitt genommen werden, wobei die für die Verarbeitung notwendigen Maßnahmen beachtet werden müssen (s. Teil 1). Eine unmittelbare Berührung der Aluminiumleitung mit der Wand ist unzulässig. Dabei ist es gleichgültig, ob es sich um verputzte oder unverputzte Stein-, Ziegel- oder Betonwände oder um eine Holzwand bzw. Holzverkleidung handelt. Das Band wird daher auf Blitzableiterklemmen usw. (s. Bild 53) geführt.

Für die Verbindung der Aluminiumbänder untereinander kommen nur Klemmen oder Nieten in Betracht. Lötungen sind im Freien nicht zu gebrauchen, weil sie sich zersetzen. Schweißstellen sind zwar am zuverlässigsten, doch sind die zu ihrer Herstellung erforderlichen Geräte nur schwer an die Arbeitsstelle zu befördern.

Die Schrauben der Klemmen sowie die Nieten müssen einen ausreichenden und dauerhaften Kontaktdruck erzeugen. Sie werden mit Unterlegscheiben versehen, damit sie sich nicht in das Aluminiumband pressen. Die Verbindungsstellen müssen mindestens 10 cm aufeinander liegen. Sie werden vor dem Zusammenschrauben oder -nieten mit säurefreiem Fett (Vaseline) dünn bestrichen oder mit einer eingefetteten Feile abgezogen.

Das Aluminiumband endet 1 m über der Erde und wird hier mit dem Stahlband des Erders (s. unter Erdungen, S. 156) verschraubt oder vernietet. Die Verbindungsstellen werden mit Bitumenlack bestrichen. Das Aluminiumband kann nicht unmittelbar mit dem Erder verbunden werden, weil es sich in dem Erdreich zersetzt. Auch bei der Benutzung der Wasser- und Gasleitung muß daher ein Stahlband dazwischen gelegt werden.

γ) Metallmassen.

Als Erdungsleitungen können auch die Metallmassen im Gebäude mitbenutzt werden, wenn sie nicht zu weit vom Rohrständer entfernt sind (eiserne Treppen, Fahrstuhlgerüste sowie die Rohrnetze der Gas- und Wasserleitungen und der Sammelheizungen). Sie werden zu diesem Zweck durch Bandeisen oder, falls dies schlecht aussehen wird, durch Seilchen aus Kupfer- oder Bronzedrähten oder aus verzinktem Eisen- oder Aluminiumdraht miteinander verbunden (s. Teil 1) und die eigentliche Erdungsleitung an passender Stelle angeschlossen. Die Kupferseilchen werden in feuchten Räumen, die Aluminiumdrähte stets im Abstand von der Wand geführt und mit Rohren durch Spannverbinder oder Schellen verbunden (s. Teil 1).

Geeignet für Erdungsleitungen sind auch gut instand gehaltene Regenabfallrohre. Der Rohrständer wird mit der Regenrinne durch die Dachleitung aus Bandeisen verbunden, die mit einer Klemme an die Regenrinne geschlossen wird (Bild 54), und das Abfallrohr oberhalb des Schlammfängers geerdet (s. unter Blitzerdung auf S. 157). Die Verbindung des Regenrohres mit der Erdungsleitung erfolgt durch eine Rohrschelle (Bild 55).

Beim Gebrauch von Aluminiumband müssen die für dieses Metall erforderlichen Verbindungsvorschriften beachtet werden (s. Teil 1). Auf Zinkblech oder verzinktes Eisenblech kann das Aluminiumband aufgeklemmt werden. Die hierzu erforderlichen Klemmen müssen aus verzinktem Eisen oder aus Aluminium sein. Bei der Ver-

Bild 54.
Dachrinnen-Blitzableiter-klemme.

Bild 55.
Blitzableiter-Regenrohrschelle.

bindung mit einem Bauteil aus Kupfer oder einer Kupferlegierung muß ein Cupalblech so zwischen die Verbindungsstellen gebracht werden, daß die gleichartigen Metalle aufeinander zu liegen kommen. Die Verbindungsstelle erhält einen Schutzanstrich mit Bitumenlack. Zur Verbindung eines Aluminiumbandes mit einem Zinkblech wird ein Zinkstreifen auf die Zinkabdeckung gelötet und so weit hochgebogen, wie es zur bequemen Verbindung mit dem Aluminiumband nötig ist. Ebenso wird bei Kupferblechen verfahren, nur daß hier ein Cupalblechstreifen mit seiner Kupferseite aufgelötet wird.

b) E r d e r.

Die Erdungsleitung wird zum Schluß mit einem Erder verbunden (s. unter Erdungen, S. 153).

α) *Rohrnetz.*

Die Verbindung mit den Straßen- und Zuleitungsrohren der Wasser- und Gasleitungen erfolgt mit Schellen (Bild 56) und ist gründlich mit Asphaltlack zu bestreichen.

Bild 56. Erdungsrohrschelle.

β) *Rohrerder.*

Es genügt ein Gasrohr (s. unter Blitzerdung, S. 157).

γ) *Freileitung.*

Ist die Herstellung eines Erders (s. unter Erdungen, S. 153) nicht möglich, so wird der Rohrständer mit dem nächsten geerdeten Rohrständer durch einen 2 mm dicken Hartkupferdraht verbunden, der 50 cm unter dem untersten Querträger mit Ankerschellen befestigt wird.

6. Anbringen der Isoliervorrichtungen.

Rohrständer werden ausschließlich mit Querträgern ausgerüstet. Die Querträger aus U-Eisen sind für 2, 4 und 6 Stützenpaare eingerichtet und besitzen an ihrer offenen Seite, die an den Rohrständer zu liegen kommt, eine kleine Einbuchtung (Bild 57). Sie werden durch Ziehbänder befestigt (Bild 58). Ihre Doppelglocken

Bild 57. Querträger zu 6 Stützenpaaren.

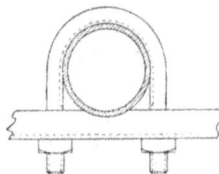

Bild 58. Ziehband mit Querträger am Rohrständer.

und Stützen entsprechen den allgemeinen Isoliervorrichtungen (s. S. 28).

a) Allgemein.

Der oberste Querträger kommt 10 cm vom oberen Ende des Rohrständers und die anderen im regelmäßigen Abstande von 40 cm darunter zu sitzen.

b) In Winkelpunkten.

In Winkelpunkten muß der Querträger in seiner Länge mit der Mittelkraft des Drahtzuges zusammenfallen.

c) Bei Abzweigungen.

Für die abzweigenden Leitungen oder Zuführungsleitungen werden zwischen den Querträgern besondere Querträger in halbem Abstand gesetzt. Die ankommenden Leitungen auf den gewöhnlichen Querträgern werden mit den abgehenden auf den besonderen Querträgern durch blanken Draht verbunden.

7. Laufbretter.

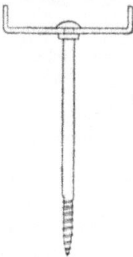

Bild 59.
Laufbrettstütze.

Das Gestänge wird von Aussteigeluken, die nötigenfalls besonders hergestellt werden, über Laufbretter erreicht. Die Laufbretter werden von Stützen getragen (Bild 59), die in die Dachsparren gedreht werden.

8. Dachinstandsetzung.

Nach Beendigung der Dacharbeiten werden die Dächer wieder sorgfältig instand gesetzt. Aus den Dachrinnen müssen die Reste von Kupfer- und Bronzedrähten entfernt werden, damit sie nicht die Zerstörung des Zinks beschleunigen oder den Wasserabfluß hemmen. Schäden, die am Mauerwerk durch das Anbringen von Ständern oder Isoliervorrichtungen verursacht worden sind, müssen beseitigt werden. Es empfiehlt sich, nach beendeten Instandsetzungsarbeiten den Hauseigentümer zur Besichtigung hinzuzuziehen.

E. Gemeinsame Arbeitsgänge für Boden- und Dachgestänge.

Die Arbeitsgänge bei der Herstellung der Leitungsverbindungen sind entsprechend der Art der Gestänge (Boden- oder Dachgestänge) verschieden.

Der in Ringen aufgewickelte Leitungsdraht wird erst kurz vor dem Aufbringen an seine Verwendungsstelle gebracht. Er darf nicht vom Wagen abgeworfen werden, weil er hierbei beschädigt wird und die einzelnen Schläge durcheinander kommen können.

An Bodengestängen wird der zu ziehende Leitungsdraht zunächst ausgelegt, die Enden der aneinandergereihten Drähte miteinander verbunden und der Draht gereckt. Dann erst wird der Draht auf seine Stützen gebracht und nach Regulierung seines

Durchhanges gebunden. Bei Dachgestängen sind diese Vorarbeiten nicht möglich. Auch das Aufbringen der Drähte kann nicht in der gleichen Weise erfolgen. Gemeinsam ist bei beiden Gestängearten nur die Herstellung der Drahtverbindungen, das Regeln des Durchhanges und das Binden der Leitungen.

1. Drahtverbindungen.

a) H ü l s e n.

α) *Bronze- und Hartkupferdrähte.*

Bronze- und Hartkupferdrähte dürfen durch Lötung nur an solchen Stellen verbunden werden, die vom Zug entlastet sind. Verbindungen solcher Drähte, die auf Zug beansprucht werden, müssen mit Hilfe von Verbindungshülsen oder ähnlichen Vorrichtungen hergestellt werden. Zusammendrehen zu einer Würgeverbindung ist hierbei nicht zulässig.

Die Hülsen werden nahtlos aus zähem, reinem Elektrolytkupfer hergestellt.

Zahlentafel 2. **Verbindungshülsen.**

Hülse für 2 Drähte von ... mm Dicke	Länge in mm
3	150
2	100
1,5	80

Diese Hülsen dienen auch zur Verbindung von Stahldraht mit Hartkupferdraht.

Die Enden der zu verbindenden Drähte werden von beiden Seiten bis auf 3 ... 4 Drahtdurchmesser (= 5 ... 10 mm) tief in die Hülse gesteckt und Hülse und Drähte miteinander ver-

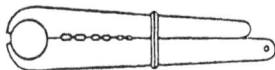

Bild 60. Kluppe.　　　Bild 61. Hülsenverbindung.

würgt. Hierzu werden zwei Kluppen (Bild 60) benutzt. Mit der einen wird die Hülse in der Mitte festgehalten, mit der anderen erst das eine, dann das andere Ende 10 ... 15 mm vom Rande gefaßt und in der gleichen Richtung zweimal herumgedreht (Bild 61). Die Enden der Hülse werden schräg abgekniffen. Hierbei darf die Drahtoberfläche nicht verletzt werden. Zur Fernhaltung von Zersetzungen wird die Verbindungsstelle zwischen Stahl- und Kupferdrähten mit Asphaltlack bestrichen.

β) *Stahl- und Aldreydrähte.*

Stahl- und Aldreydrähte werden mit Hülsen aus Reinaluminium verbunden.

Zahlentafel 3. **Arbeitsgänge bei Ald-Drahtverbindungen in Hülsen.**

Arbeitsgang 1

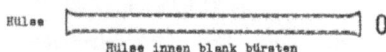

Hülse

Hülse innen blank bürsten

Arbeitsgang 2

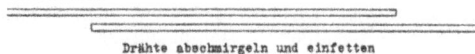

Drähte abschmirgeln und einfetten

Arbeitsgang 3

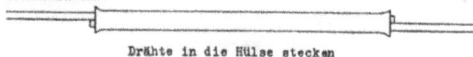

Drähte in die Hülse stecken

Arbeitsgang 4   2½ Umdrehungen

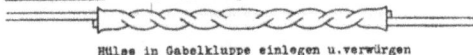

Hülse in Gabelkluppe einlegen u. verwürgen

Arbeitsgang 5

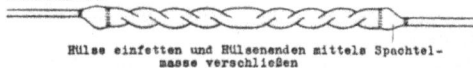

Hülse einfetten und Hülsenenden mittels Spachtelmasse verschließen

Aldreydraht 2,0 mm	Hülse 150 . 4,2 . 2,1 . 0,8 mm
Aldreydraht 2,5 mm	Hülse 175 . 5,2 . 2,6 . 0,8 mm
Aldreydraht 3,0 mm	Hülse 200 . 6,2 . 3,1 . 0,8 mm
Aldreydraht 4,0 mm	Hülse 250 . 8,24 . 4,12 . 1,0 mm

Die Aluminiumhülsen müssen vor der Verwendung innen blank gebürstet und die Drähte abgeschmirgelt und eingefettet werden. Die Verwürgung der Drähte in der Hülse kann anstatt mit zwei Kluppen auch mit einer Gabelkluppe (Bild 62) und einer gewöhnlichen Kluppe erfolgen. Die beiden Enden der Hülse werden mit der Gabelkluppe gefaßt und die gewöhnliche Kluppe in der Mitte der Hülse aufgesetzt und 2½mal herumgedreht. Die Hülse wird nach Abnahme der Kluppe eingefettet und ihre Enden mittels Spachtelmasse verschlossen (Bild 63).

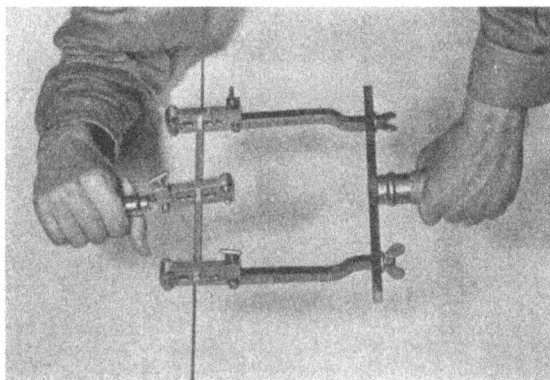

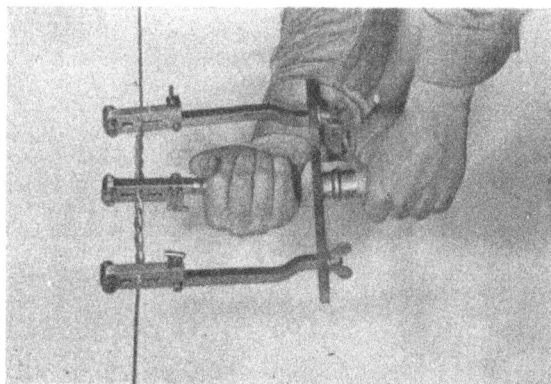

Bild 62. Herstellung einer Ald-Hülsenverbindung mit einer Gabelkluppe.

Bild 63. Ald-Hülsenverbindung.

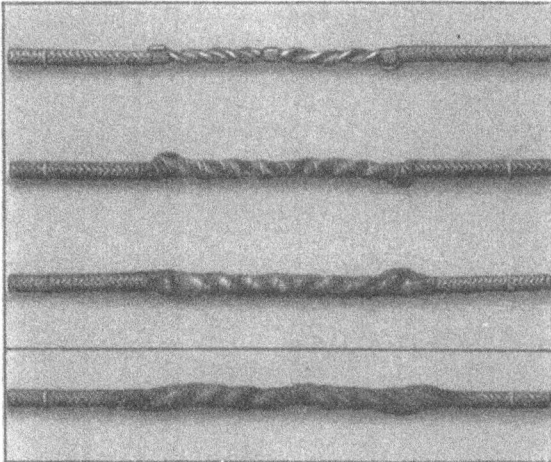

Bild 64. Herstellung einer Hackethaldrahtverbindung.

γ) *Hackethaldraht.*

Der Hackethaldraht erfordert eine besondere Behandlung. Die beiden miteinander zu verbindenden Drähte werden entsprechend der Länge der zu benutzenden Hülse von ihrer Isolierung befreit und, nachdem ein genügend langer Baumwollschlauch auf den einen Draht gezogen worden ist, in einer Hülse verwürgt (Bild 64, a). Die Verbindungsstelle wird mit wetterfester Masse überzogen, mit einem Paragummiband bewickelt (b) und nochmals mit flüssiger Hackethalmasse bestrichen (c). Darauf wird der Baumwollschlauch übergestreift und ebenfalls mit Hackethalmasse imprägniert (d).

b) Z i e h v e r b i n d e r.

In der Nähe des Meeres werden für die Verbindungen von Aldreydrähten wegen der in den Hülsenverbindungen leicht auftretenden Korrosionen vorzugsweise Ziehverbinder verwendet, die auch zu Übergängen von Aldreydraht auf Bronze, Kupfer oder Stahl geeignet sind.

Die in der Mitte verjüngte Hülse wird zwischen die Backen der Zange (Bild 65) gelegt und die beiden zu verbindenden Leitungsdrahtenden in die Hülse eingeführt. Beim Zusammendrücken der Zangenhebel wird zunächst das eine Ende der Hülse, dann nach Umsetzen der Zange das andere Ende der Hülse fest um den Leitungsdraht gezogen. Diese Ziehverbindung hat den Vorteil, daß das Material gut umschlossen und das Eindringen von Feuchtigkeit verhindert wird. Vor der Verbindung muß natürlich, wie bei allen Aluminiumverbindungen, die schlecht leitende Oxydhaut auf dem

Aldreydraht mit einer Stahlbürste beseitigt werden. An der Berührungsstelle zwischen einem Kupferdraht und dem Aluminiumverbinder kann eine Korrosion eintreten, die aber das Aluminium

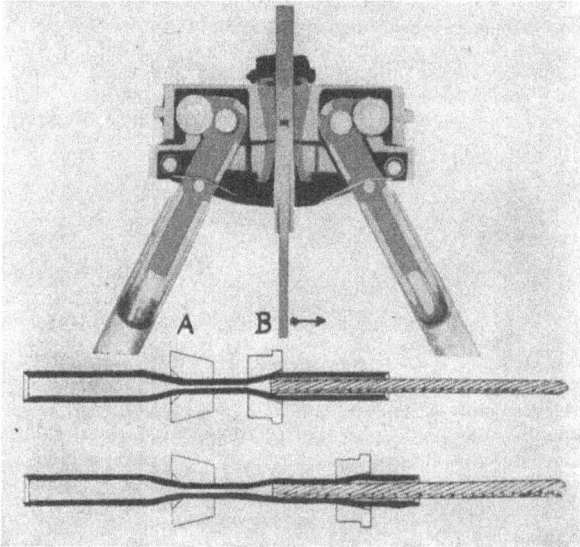

Bild 65. Herstellung einer Ziehverbindung.

nur oberflächlich angreift. Durch Bestreichen der Verbindungsstelle mit Asphaltlack und durch Umwickeln mit Isolierband kann der Draht in und neben der Klemmstelle geschützt werden.

2. Regeln des Durchhangs.

Der Leitungsdraht wird zwischen den Isoliervorrichtungen, an denen er befestigt werden soll, gespannt. Er bildet auf dieser Strecke keine Gerade, sondern einen nach oben offenen, flachen Bogen. Der größte Abstand des Bogens — auf waagerechten Strecken die Bogenmitte — von der Sehne wird als Durchhang des Drahtes bezeichnet. Er darf an kalten Tagen nicht so klein werden, daß die Leitung reißt. Ebensowenig dürfen Schnee- und Eisbelastungen diesen Zustand herbeiführen. An heißen Tagen darf der Durchhang nicht zu groß werden, sonst wird die Leitung durch den Wind an andere Drähte geschlagen und kann sich mit ihnen verschlingen. Der Durchhang muß also ein ganz bestimmtes Maß einhalten, das sich nach der Spannweite, d. i. der Abstand der Stangen, dem Gewicht des Drahtes, der Spannung, die dem Draht gegeben wird und der Luftwärme richtet.

Die Luftwärme beeinflußt den Durchhang ganz wesentlich, trotzdem sich die Drahtlänge nur unbedeutend ändert. Mit dem Durchhang ändert sich aber auch die Spannung, und zwar im umgekehrten Verhältnis. Der Einfluß der Wärme auf die Spannung und den Durchhang ist in kurzen Feldern erheblich größer als in langen Feldern. Daher müssen die Spannung und der Durchhang in kurzen Feldern um so sorgfältiger geregelt werden. Für die Regelung werden ein Flaschenzug, eine Klemme sowie Meßvorrichtungen gebraucht. Der eine Haken des Flaschenzuges (Bild 66) wird in der Höhe der Isoliervorrichtung mit einem Hanfseil oder

Bild 66. Flaschenzug.　　　Bild 67. Parallelklemme.

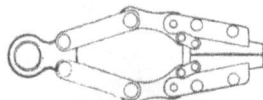

einer Kette an der Stange befestigt. In den anderen, freien Haken wird die Klemme gehängt. Sie ist für Bronze-, Hartkupfer- und Stahldrähte eine Parallelklemme (Bild 67), für Aldreydrähte eine Spannklemme mit Stahlbacken (Bild 68), für Hackethaldrähte eine Kniehebelklemme (Bild 69) oder eine Froschklemme (Bild 70). Die von der Klemme gefaßte Stelle des Hackethaldrahtes ist später

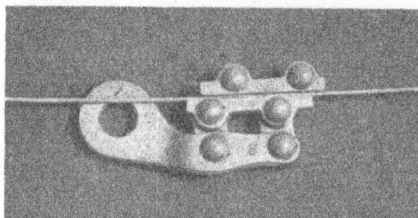

Bild 68. Spannklemme mit Stahlbacken.

abzuschneiden. Muß der Hackethaldraht in der Mitte gefaßt werden, so sind hierzu 15 cm lange Zugkloben aus Hartholz usw. zu benutzen.

Es wird entweder die Spannung oder der Durchhang entsprechend der Spannweite und der herrschenden Luftwärme geregelt. Die Werte hierfür sind errechnet und in Tabellen festgelegt (s. Zahlentafel 4 bis 7 auf S. 66 und 74). Bei der Regelung ist es auf geraden Strecken ohne Höhenunterschied nicht erforderlich, daß die hierzu benötigten Meßvorrichtungen (s. u.) von Stange zu Stange angewandt werden. Es genügt, wenn dies in jedem vierten oder fünften Stangenfeld geschieht und die dazwischen liegenden Felder diesem Zustande angeglichen werden. Sind jedoch Höhenunterschiede vorhanden, so wird der Durchhang oder die Spannung von Stange zu Stange geregelt und der Draht darauf sogleich an seiner Isoliervorrichtung festgebunden, damit er nicht wieder nach der tiefer stehenden Stange durchgleitet. Die Höhenunterschiede können hinsichtlich des Durchhanges bzw. der Spannung unberücksichtigt bleiben, weil ihr Einfluß hierauf unwesentlich ist.

Sind die Leitungen den Unbilden der Witterung besonders ausgesetzt, z. B. in Gebirgsgegenden, in Rauhreif- oder Eisgebieten, oder müssen sie aus anderen Gründen mit erhöhter Sicherheit verlegt werden (s. S. 26), so wird die Spannung so weit verringert, wie es ohne gegenseitige Gefährdung der Leitungen durch den größeren Durchgang möglich ist.

Wenn der Durchhang mehrerer gleichartiger Drähte zu regeln ist, wird der vorgeschriebene Durchhang für eine Leitung hergestellt und der Durchhang der übrigen Drähte hiernach geregelt.

Der Durchhang wird mit einer Meßplatte, mit einem Winkel oder mit Hilfe der Drahtschwingungen, die Spannung mit einer Federwaage geprüft.

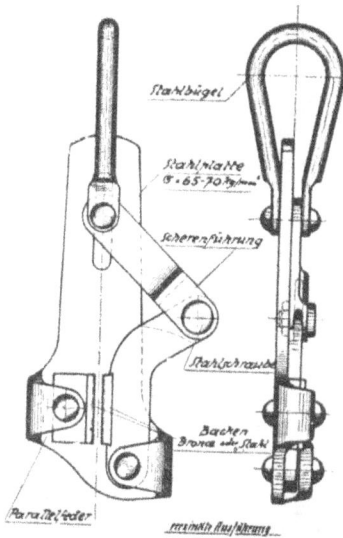

Bild 69. Kniehebelklemme.

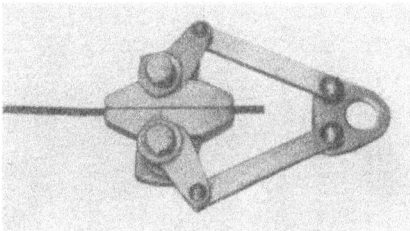

Bild 70. Froschklemme.

a) Mit der Meßlatte.

Der Durchhang wird an einer leichten Latte durch einen dicken Nagel oder eine verschiebbare Knagge gekennzeichnet, die in der Größe des Durchhanges vom oberen Ende entfernt sitzen. Die Latte wird bei Bodengestängen in der Mitte des Leitungsfel-

des senkrecht so weit hochgehoben, bis ihr Ende in der Sehlinie zwischen den beiden Doppelglocken liegt und ständig in dieser Stellung gehalten. Der Durchhang wird so geregelt, daß die Leitung das Merkmal der Latte (Nagel oder Knagge) berührt (Bild 71).

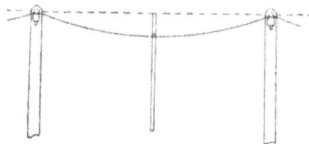

Bild 71. Regeln des Durchhanges mit der Meßlatte.

b) Mit dem Winkel.

Auf dem längeren Schenkel eines hölzernen Winkels kann ein zweiter, die Größe des Durchhanges angebender Schenkel verschoben werden (Bild 72). Zum Regeln werden an jeder Stange des Feldes ein Winkel gebraucht. Sie werden mit ihrem kurzen, festen Schenkel so auf den Draht an der Glocke gelegt, daß der lange Schenkel senkrecht hängt. Der tiefste Punkt des durchhängenden Drahtes muß die Sehlinie berühren, die die beiden kurzen, einstellbaren Schenkel verbindet.

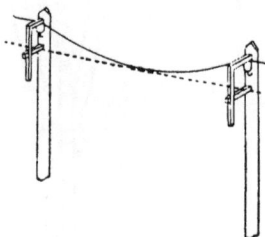

Bild 72. Regeln des Durchhanges mit dem Winkel.

Da die Winkel festliegen und nicht wie die Meßlatte gehalten zu werden brauchen, ist das Regeln mit ihnen zuverlässiger als mit der Latte. Geringere Durchhänge lassen sich jedoch auch mit den Winkeln nicht ganz genau regeln.

Zahlentafel 4. Durchhangstafel.

a) Für Leitungen aus Bronzedraht II von rund 70 kg Zugfestigkeit für das Quadratmillimeter Querschnitt (1,5 und 2,0 mm Dmr.).

Luft-wärme ⁰ C	Durchhang in cm für Feldlängen von					
	30 m	40 m	50 m	60 m	80 m	100 m
+ 25	12	23	34	47	76	111
+ 20	11	20	31	43	71	105
+ 15	10	18	28	39	66	99
+ 10	9	17	26	36	61	93
+ 5	8	15	24	34	57	87
0	8	14	22	31	54	82
— 5	7	13	20	29	50	78
— 10	7	12	19	27	47	73
— 15	6	11	18	25	44	69
— 20	6	11	17	24	42	65
— 25	6	10	16	22	40	62

b) Für Leitungen aus Stahldraht von rund 40 kg Zugfestigkeit für das Quadratmillimeter Querschnitt (d r e i fache Sicherheit bei — 25⁰ C).

Luft-wärme	Durchhang in cm für Feldlängen von					
⁰ C	30 m	40 m	50 m	60 m	80 m	100 m
+ 25	28	35	46	64	92	128
+ 20	23	31	42	58	86	123
+ 15	19	28	39	53	81	117
+ 10	16	25	36	49	76	112
+ 5	14	22	33	45	72	106
0	12	20	30	41	68	101
— 5	10	18	27	38	64	96
— 10	9	16	25	35	60	90
— 15	8	14	23	32	56	85
— 20	7	13	20	29	52	80
— 25	7	12	18	27	48	75

c) Für Leitungen aus Hartkupferdraht und Bz I von rund 45 kg Zugfestigkeit für das Quadratmillimeter Querschnitt.

Luft-wärme	Durchhang in cm für Feldlängen von					
⁰ C	30 m	40 m	50 m	60 m	80 m	100 m
+ 25	20	31	44	58	91	113
+ 20	17	28	40	54	86	106
+ 15	14	25	37	50	81	99
+ 10	12	23	34	46	75	93
+ 5	11	21	31	42	71	87
0	10	18	28	39	67	82
— 5	9	17	26	36	63	77
— 10	8	15	24	34	59	72
— 15	8	14	22	32	55	68
— 20	7	13	20	30	51	64
— 25	7	12	19	28	48	60

d) Für Hackethaldraht.

Luft-wärme ° C	Durchhang in cm für Feldlängen von			
	30 m	40 m	50 m	60 m
+ 25	32	48	63	80
+ 20	30	44	59	75
+ 15	28	41	55	71
+ 10	25	38	51	67
+ 5	23	34	47	62
0	20	31	44	58
— 5	18	28	40	54
— 10	16	26	37	50
— 15	15	23	34	46
— 20	14	21	31	42
— 25	13	20	28	39

Wenn bereits blanke Leitungen am Gestänge verlegt sind, richtet sich der Durchgang nach diesen Leitungen.

c) Mit Drahtschwingungen.

Ein gespannter Draht kann in der Minute eine bestimmte Anzahl von Schwingungen machen, die seinem Durchhang entsprechen. Je zahlreicher die Schwingungen sind, desto geringer ist der Durchhang. Die Schwingungen können mit der Hand erzeugt werden, wenn der Draht 20 bis 30 cm vom Isolator entfernt zwischen Daumen und Zeigefinger genommen und leicht und gleichmäßig so schnell hin und her bewegt wird, daß die Anschläge eben noch zu unterscheiden sind. Der Takt, in dem dies geschehen muß, ist an dem Verhalten des Drahtes ohne Schwierigkeiten zu erkennen. Liegen die Stützpunkte verschieden hoch, so wird der Draht vom tieferen Stützpunkt aus bewegt.

Die mit der Hand in einer Minute ausgeübten Bewegungen sind zu zählen, wobei zu Beginn der Minute mit 0 angefangen wird und jeder Ausschlag nach der einen oder andere Seite als Schwingung gilt. Die am Schluß der Minute ausgesprochene Zahl ergibt unter Zuhilfenahme der Zahlentafel 5 den Durchhang.

Zahlentafel 5. **Schwingungszahlen.**

Bestimmung des Durchhanges von Drahtleitungen aus der Schwingungszahl.

a) Für Bronze-, Hartkupfer- oder Stahldrähte.

Zahl der Pendelausschläge in 1 Min.	Durchhang des Drahtes in cm	Zahl der Pendelausschläge in 1 Min.	Durchhang des Drahtes in cm	Zahl der Pendelausschläge in 1 Min.	Durchhang des Drahtes in cm	Zahl der Pendelausschläge in 1 Min.	Durchhang des Drahtes in cm	Zahl der Pendelausschläge in 1 Min.	Durchhang des Drahtes in cm
45	221	58	133	81	68	106	40	131	26
45½	216	58½	131	82	66	107	39	132	26
46	211	59	128	83	65	108	38	134	25
46½	207	59½	126	85	62	110	37	135	25
47	202	60½	122	86	60	111	36	136	24
48	194	61	120	87	59	112	36	137	24
48½	190	62	116	88	58	113	35	138	23
49	186	63	112	89	56	114	34	139	23
49½	182	64	109	90	55	115	34	140	23
50	178	65	106	91	54	116	33	141	22
50½	175	66	103	92	53	117	33	142	22
51	172	67	100	93	52	118	32	143	22
51½	168	68	97	94	51	119	32	144	22
52	165	69	94	95	50	120	31	145	21
52½	162	70	91	96	49	121	31	146	21
53	159	71	89	97	48	122	30	147	21
53½	156	72	86	98	47	123	30	148	20
54	153	73	84	99	46	124	29	149	20
54½	150	74	82	100	45	125	29	150	20
55	148	75	79	101	44	126	28	152	19
55½	145	76	77	102	43	127	28	154	19
56	143	77	75	103	42	128	27	156	18
56½	140	78	73	104	41	129	27	158	18
57	138	79	72	105	41	130	26	160	17
57½	135	80	70						

b) Für Aldreydrähte.

Spannweite in mm	80		75		70		65		60		55		50		45		40		35		30		25		20	
Temperatur	n	f	n	f	n	f	n	f	n	f	n	f	n	f	n	f	n	f	n	f	n	f	n	f	n	f
+ 40°	56	148	56	137	60	126	64	115	64	114	68	94	72	84	76	75	80	66	88	57	96	48	104	40	120	31
+ 35°	56	137	60	127	64	116	64	106	68	96	72	87	76	78	80	69	84	60	92	52	100	44	112	36	128	28
+ 30°	60	129	64	119	64	109	68	100	68	90	72	82	76	73	84	65	88	57	96	49	104	41	116	33	132	25
+ 25°	64	118	64	109	68	99	68	91	72	81	76	73	84	65	88	58	92	50	100	43	112	36	124	29	140	22
+ 20°	64	100	68	100	68	91	72	82	76	74	80	67	88	59	92	52	100	45	108	38	120	32	132	25	156	18
+ 15°	68	100	68	92	72	83	76	74	80	66	88	59	92	52	100	46	108	39	116	33	128	27	144	21	172	15
+ 10°	68	91	72	83	76	75	80	67	88	59	92	52	100	45	108	39	120	32	128	26	144	21	168	16	204	11
+ 5°	72	82	76	74	80	67	88	59	92	52	100	45	108	39	116	33	128	27	144	21	168	16	192	12	232	8
0°	76	73	84	65	88	58	92	51	100	45	108	39	116	33	128	27	140	22	160	17	184	13	220	9	272	6
— 5°	84	65	88	57	92	50	100	44	108	38	120	32	128	27	140	22	156	18	176	14	212	10	252	7	300	5
— 10°	88	57	92	50	100	44	108	38	116	33	128	27	140	23	152	19	172	15	204	11	232	8	272	6	328	4
— 15°	92	50	100	44	108	39	112	34	124	29	136	24	148	20	168	16	192	12	220	9	252	7	300	5	380	3
— 20°	100	44	108	39	112	34	124	29	132	25	144	21	160	17	176	14	204	11	232	8	272	6	328	4	380	3

f = Durchhang in cm.

n = Pendelausschlag in 1 Min.

Diese Art zur Ermittlung des Durchhanges wird angewandt,
wenn die übrigen Mittel versagen, und ist auch an geneigten
Leitungsfeldern anwendbar. Sie kommt daher für Leitungen, die
über Wasserläufe oder unbetretbares Gelände führen, sowie für
große Spannweiten in Betracht und eignet sich besonders zum
Nachprüfen des Durchhanges.

Die Schwingungen können auch dazu benutzt werden, den
Durchhang einer Leitung mit einer anderen zu vergleichen, deren
Durchhang bereits geregelt ist. Schlägt man gleichzeitig auf beide
Drähte, so laufen die hierbei erzeugten Schwingungen zur nächsten
Stange und wieder zurück. Sie können leicht mit den lose auf die
Drähte gelegten Händen wahrgenommen werden. Geschieht dies
zu gleicher Zeit, so haben beide Leitungen den gleichen Durchhang.
Tritt jedoch die Schwingung in der zu prüfenden Leitung zuerst ein,
so ist ihr Durchhang kleiner, bei späterem Eintreffen größer als
der der bereits geregelten Leitung.

Bei starkem Wind und bei mehr als 2 Verbindungshülsen in
dem zu prüfenden Drahtfeld wird dieses Verfahren unzuverlässig
und muß durch Messen der Drahtspannung ersetzt werden.

d) Spannungsprüfung.

Die Kraft des Drahtzuges wird mit der Federwaage (Bild 73)
gemessen. Die Waagen müssen von Zeit zu Zeit nachgeprüft werden

Bild 73. Federwaage.

ob sie noch richtig anzeigen, weil ihre Federn nachlassen können.
Hierzu sind sie mit geeichten Gewichten zu belasten.

Die Federwaage wird über ein Spannschloß (s. Bild 23 auf S. 39)
an der Stütze oder am Querträger befestigt und mit einer Parallelklemme (s. Bild 67 auf S. 64) an den zu prüfenden Draht gelegt.
Ist die Spannung für viele Felder gleichzeitig zu regeln, so wird
die Waage in der Mitte des Linienabschnittes angebracht und
während des Anziehens ab und zu an die Leitung gelegt. Sobald
der Draht nahezu vorschriftsmäßig gespannt ist, wird die Waage
dauernd am Draht gelassen und seine Spannung mit dem Spannschloß genau geregelt. Darauf wird der Draht an der Doppelglocke
festgebunden.

Bei größeren Höhenunterschieden ist die Federwaage an den
höherstehenden Gestängen anzulegen.

Zahlentafel 6. **Spannungstafel.**

a) Für Leitungen aus Bronzedraht II von rund 70 kg Zugfestigkeit
für das Quadratmillimeter Querschnitt (1,5 und 2 mm Dmr.).

Luft-wärme	Spannung in kg/mm² für Feldlängen von					
⁰ C	30 m	40 m	50 m	60 m	80 m	100 m
+ 25	7,5	7,7	8,0	8,4	9,1	9,7
+ 20	8,2	8,5	8,8	9,1	9,8	10,3
+ 15	9,3	9,5	9,7	9,9	10,5	11,0
+ 10	10,3	10,4	10,5	10,8	11,3	11,7
+ 5	11,4	11,4	11,5	11,6	12,1	12,4
0	12,4	12,4	12,5	12,6	12,9	13,2
— 5	13,4	13,4	13,4	13,5	13,8	13,9
— 10	14,4	14,4	14,4	14,5	14,7	14,8
— 15	15,4	15,4	15,4	15,4	15,6	15,7
— 20	16,4	16,4	16,4	16,5	16,6	16,6
— 25	17,5	17,5	17,5	17,5	17,5	17,5

b) Für Leitungen aus Stahldraht von rund 40 kg Zugfestigkeit für
das Quadratmillimeter Querschnitt (2 und 3 mm Dmr, dreifache
Sicherheit bei — 25⁰ C).

Luft-wärme	Spannung in kg/mm² für Feldlängen von					
⁰ C	30 m	40 m	50 m	60 m	80 m	100 m
+ 25	3,1	4,5	5,3	5,5	6,8	7,6
+ 20	3,8	5,0	5,7	6,0	7,2	7,9
+ 15	4,5	5,5	6,2	6,6	7,6	8,3
+ 10	5,3	6,0	6,8	7,2	8,0	8,7
+ 5	6,2	6,8	7,5	7,8	8,5	9,2
0	7,2	7,7	8,3	8,5	9,1	9,7
— 5	8,3	8,6	9,1	9,3	9,7	10,2
— 10	9,4	9,6	10,0	10,2	10,4	10,8
— 15	10,5	10,7	11,0	11,1	11,2	11,5
— 20	11,7	11,8	12,0	12,1	12,1	12,2
— 25	13,0	13,0	13,0	13,0	13,0	13,0

c) Für Leitungen aus Hartkupferdraht und Bz 1 von rund 45 kg
Zugfestigkeit für das Quadratmillimeter Querschnitt.

Luft-wärme	Spannung in kg/mm² für Feldlängen von					
⁰ C	30 m	40 m	50 m	60 m	80 m	100 m
+ 25	5,1	5,8	6,2	6,7	7,6	7,9
+ 20	6,0	6,4	6,8	7,3	8,0	8,4
+ 15	7,0	7,2	7,5	7,9	8,7	9,0
+ 10	8,0	8,1	8,3	8,6	9,3	9,6
+ 5	9,0	9,0	9,2	9,4	9,9	10,1
0	10,0	10,0	10,1	10,2	10,6	10,8
- 5	11,0	11,0	11,0	11,2	11,5	11,6
- 10	12,0	12,0	12,0	12,1	12,3	12,4
- 15	13,0	13,0	13,0	13,0	13,2	13,2
- 20	14,0	14,0	14,0	14,0	14,0	14,0
- 25	15,0	15,0	15,0	15,0	15,0	15,0

Die Werte in den Tafeln gelten nur für gerade Linien ohne
erhebliche Höhenunterschiede.
Die vorgeschriebene Spannung ergibt sich durch Vervielfälti-
gung der in den Tafeln 6, a) bis c) angegebenen Spannung in kg/mm²
mit dem Querschnitt des Drahtes. Dieser beträgt

für rund 3 mm-Drähte rund 7 mm²
,, ,, 2,5 ,, ,, ,, 5 ,,
,, ,, 2 ,, ,, ,, 3 ,,
,, ,, 1,5 ,, ,, ,, 2 ,,

Zahlentafel 7. **Spannungs- und Durchhangstafel.**

a) Für besonders sicher aufzuhängende Leitungen aus Stahldraht
(f ü n f fache Sicherheit bei — 25⁰ C).

Luftwärme	Spannung in kg/mm²		Durchhang in cm	
⁰ C	50 m	60 m	50 m	60 m
+ 25	3,5	4,0	70	85
+ 20	3,7	4,2	66	81
+ 15	4,0	4,5	61	76
+ 10	4,3	4,8	56	71
+ 5	4,6	5,2	52	66
0	5,0	5,5	48	62
— 5	5,5	5,9	44	58
— 10	6,0	6,3	40	54
— 15	6,6	6,8	37	50
— 20	7,3	7,4	33	46
— 25	8,0	8,0	30	43

b) Für besonders sicher aufzuhängende Leitungen aus Hartkupferdraht (f ü n f fache Sicherheit bei — 25⁰ C).

Luftwärme ⁰ C	Spannung in kg/mm²		Durchhang in cm	
	50 m	60 m	50 m	60 m
+ 25	3,8	4,4	73	91
+ 20	4,1	4,7	68	85
+ 15	4,4	5,0	63	80
+ 10	4,8	5,3	58	75
+ 5	5,3	5,6	53	71
0	5,8	6,0	48	67
— 5	6,3	6,5	44	62
— 10	6,8	7,1	41	56
— 15	7,5	7,7	37	52
— 20	8,2	8,4	34	48
— 25	9,0	9,0	31	44

3. Binden von Leitungen.

Zum Binden der Leitungen an den Isoliervorrichtungen ist Draht zu verwenden, bei dem keine Korrosionen auftreten und der zusammen mit dem Leitungsdraht keine elektrolytische Zerstörung einleiten kann. Die Leitungen müssen an den Bunden gegen Scheuern und Einschneiden geschützt sein. Etwaige Einlagen müssen den gleichen Bedingungen entsprechen wie die Bindedrähte.

Die Drähte werden im Lager der Doppelglocke festgebunden. In geraden Strecken liegt der Draht auf der Stange zugewendeten Seite des Glockenhalses. In Krümmungen muß der Drahtzug von der Doppelglocke aufgenommen werden, darf also auf keinen Fall auf die Bindung wirken.

a) Bronze, Hartkupfer und Stahl.

Als Bindedraht wird für Bronze- und Hartkupferleitungen geglühter Bronze- oder Kupferdraht, der weicher als der Leitungsdraht sein muß, damit er sich nicht in ihn einschneidet und zum Reißen bringt, für Stahlleitungen verzinkter Stahldraht verwendet.

Die Mitte eines Bindedrahtes wird in weiten Schlägen dreimal links herum um das Stück des Leitungsdrahtes gewunden, das im Lager der Doppelglocke zu liegen kommen soll (Bild 74 a). Die beiden Enden des Bindedrahtes, und zwar zuerst das linke, dann das rechte, werden fest um den Hals (Drahtlager) der Doppelglocke geschlungen und bringen den Leitungsdraht in sein Lager (Bild 74 b). Darauf wird jedes Ende des Bindedrahtes in 2 übereinander liegenden Wicklungen von je 6 auseinandergezogenen Windungen mit dem Leitungsdraht links und rechts von der Doppelglocke verbunden (Bild 74 c) und zum Schluß miteinander unterhalb des

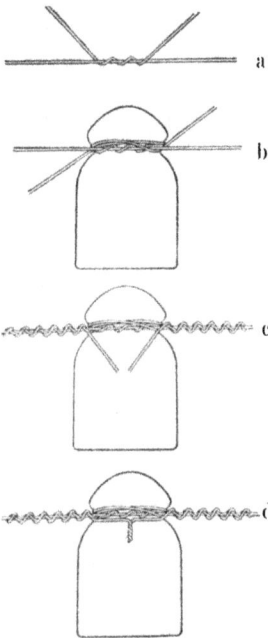

Lagers in der Mitte der Glocke verwürgt (Bild 74 d). Bis auf diese Würgestelle wird die Bindung mit der Hand hergestellt.

Leitungsdrähte, die nur 1,5 mm dick sind, gleiten unter diesen Bindungen leicht durch. Sie werden daher an den Stangen, die verschieden hoch sind oder in Krümmungen liegen, sowie an jeder 10. Stange einer geraden Strecke vor dem Binden einmal um den Hals der Doppelglocke gelegt. Der Bindedraht wird dann mit seiner Mitte einmal unterhalb, einmal oberhalb der Schleife des Leitungsdrahtes fest um den Hals der Doppelglocke geschlungen, ohne vorher um den Leitungsdraht gewunden zu sein (Bild 75).

Bild 74. Binden einer Leitung aus Bronze, Hartkupfer oder Stahl.

Bild 75. Binden einer Leitung, die um den Hals der Doppelglocke geschlungen ist.

Zahlentafel 8. **Bindedrahtlängen.**

Leitung Dmr. mm	Bindedraht	
	Länge cm	Dmr. mm
3	120	2
2	90	1,5
1,5	85	1,5

b) Aldreydraht.

Die Bunde werden entweder mit einem Drahthalter oder einem Wickel aus weichen Aluminiumdrähten hergestellt. Die Verwendung des Drahthalters ist einfach und wird daher dem Wickelbund vorgezogen, wenn weniger geübte Monteure zur Verfügung stehen

Er besitzt aber auch vor dem Wickelbund andere Vorzüge. Wie die bisherigen Versuche gezeigt haben, ist er äußerst schwingungsfest und bewahrt dadurch die Leitung, die infolge des leichten spezifischen Gewichtes verhältnismäßig schwingungsanfällig ist, vor Brüchen. Der Wickelbund setzt immer geübte und sorgfältig ausgebildete Monteure voraus. Wird er zu locker hergestellt, so treten bald Schwingungsbrüche ein.

α) Mit Drahthalter.

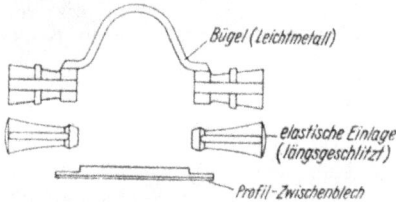

Bild 76. Drahthalter.

Der Drahthalter (Bild 76) besteht aus einem Bügel aus Leichtmetall mit geschlitzten Buchsen an seinen Enden, zwei längsgeschlitzten elastischen Einlagen und einem Profilzwischenblech.

Zahlentafel 9. **Arbeitsgänge bei Ald-Bunden mit Drahthalter.**

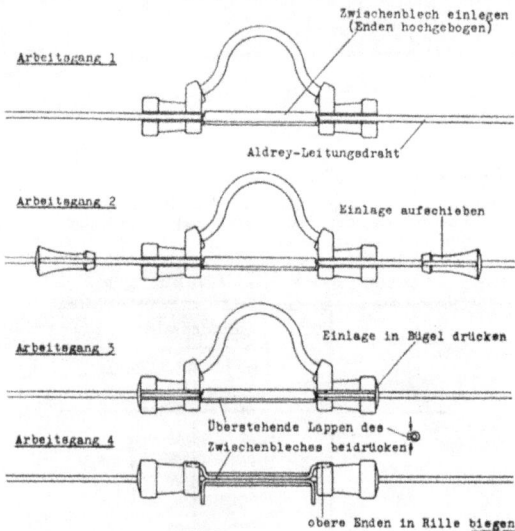

Er wird so auf den Aldreydraht gesetzt, daß sein Bügel im Drahtlager der Porzellandoppelglocke und der Aldreydraht in den Schlitzen der Buchsen zu liegen kommen (Bild 77). Das Profilblech wird an den Enden hochgezogen und kommt zwischen dem Aldreydraht und dem Drahtlager des Isolators zu liegen (Bild 77 und 78). Die beiden Einlagen werden mit ihren Längsschlitzen

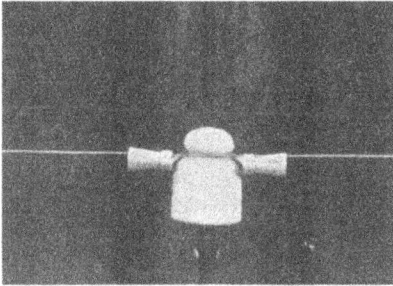

Bild 77. Aufgesetzter Bügel.

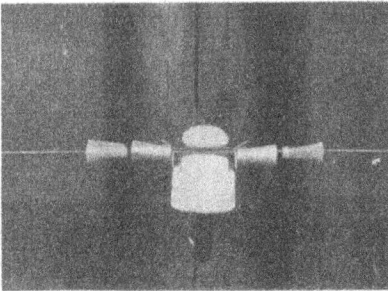

Bild 78. Aufgesetzter Bügel, eingelegtes Zwischenblech und aufgeschobene
Einlagen.

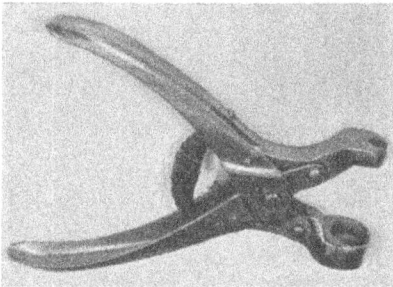

Bild 79. Zange zum Drücken der Einlagen in den Bügel.

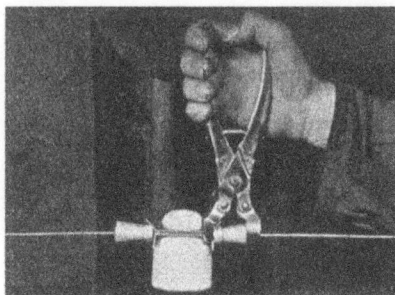

Bild 80. Eindrücken der Einlagen.

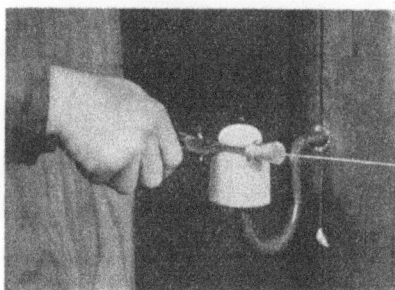

Bild 81. Umpressen des Drahtes mit dem Zwischenblech.

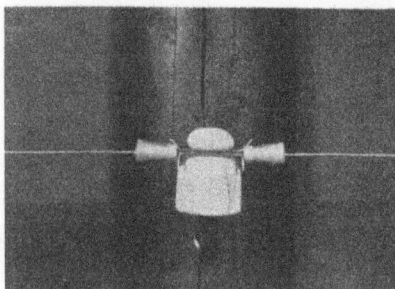

Bild 82. Fertiger **Bund** mit Drahthalter.

auf den Draht gebracht (s. Bild 78) und mit einer besonderen Zange (Bild 79) in die Buchsen des Bügels gedrückt (Bild 80). Darauf werden die Lappen des Zwischenbleches mit einer Flachzange um den Draht gepreßt (Bild 81) und seine oberen Enden in die Rillen der Bügelbuchsen gebogen. Bild 82 zeigt den fertigen Bund.

β) *Wickelbund.*

Zahlentafel 10. **Arbeitsgänge bei Ald-Wickelbunden.**

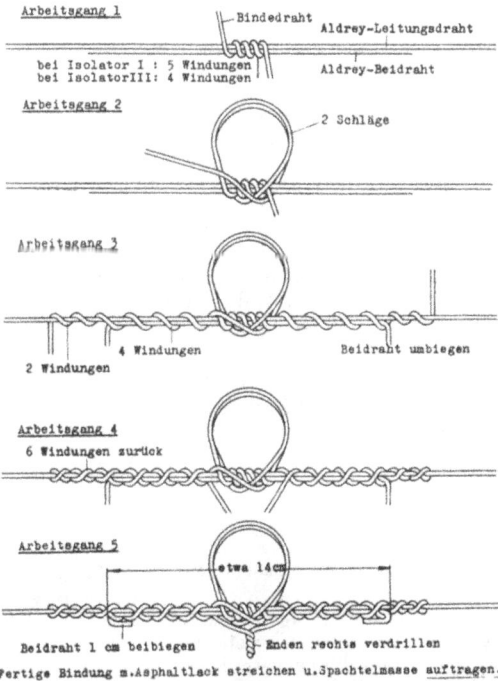

Isolator Größe	Bindedraht			Leitungs-draht Dmr mm	Beidraht	
	langes Ende cm	kurzes Ende cm	Gesamt-länge cm		Dmr mm	Länge cm
I	80	50	130	3	3	20
	90	50	140	4	3	20
III	70	40	110	2	2	17
	75	45	120	2,5	2,5	17
	80	45	125	3	3	17

Bei den Wickelbunden wird der Leitungsdraht an seiner Binde-
stelle durch einen Aldreydraht von 13 bis 15 cm Länge verstärkt,
der zunächst durch den Bindedraht mit 4 festen Windungen gehalten wird (Arbeitsgang 1). Diese Befestigungsstelle liegt der
Mitte des Drahtlagers der Doppelglocke gegenüber. Das linke
Ende des Bindedrahtes wird 2mal um den Hals der Glocke und
die beiden Aldreydrähte geschlungen (Arbeitsgang 2) und dann
beide Enden in 4 auseinandergezogenen Windungen fest um beide
Aldreydrähte gebracht. Darauf werden die beiden Enden des Beidrahtes kurz umgebogen und beide Enden des Bindedrahtes in
2 weiten Schlägen hinter der Nocke des Beidrahtes um beide Drähte
gewickelt (Arbeitsgang 3) und in je 6 weiten Gegenwindungen
wieder zurückgenommen (Arbeitsgang 4) und miteinander verwürgt.
Die Nocken des Beidrahtes werden auf 1 cm gekürzt und nach dem
Isolator zu fest an den Wickelbund gedrückt (Arbeitsgang 5).

c) Hackethaldraht.

Als Bindedraht dient isolierter Weichkupferdraht von 1,5 mm
Dicke. Für die Herstellung einer Bindung sind 70 cm Draht erforderlich. Der Bund kann auf zwei Arten hergestellt werden. Bei
der einen Art wird der Bindedraht mit seiner Mitte über den
Leitungsdraht und um den Hals des Isolators gelegt und dann nach
vorn zurückgeholt (Bild 83 a). Das von links herumkommende

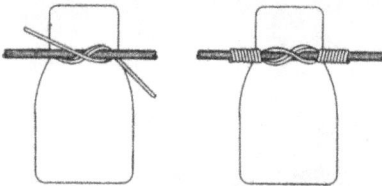

Bild 83. Binden eines Hackethaldrahtes.

Ende wird dicht neben
der bereits vorhandenen
Bindedrahtlage nach der
rechten Seite geführt
und hier in 8 bis 12
Windungen fest um
den Leitungsdraht ge-
wickelt. Das von rechts
herumkommende Ende
des Bindedrahtes kreuzt
die beiden anderen La-
gen und wird auf der
linken Seite der Glocke an dem Leitungsdraht befestigt (Bild 83 b).
Bei der anderen Art wird der isolierte Freileitungsdraht zunächst
mit einer Schutzbewicklung versehen. Zu diesem Zweck wird ein
110 cm langer, isolierter
Bindedraht in eng neben-
einander liegenden Windungen um die Leitung gelegt
(Bild 84). Dieser so ge-

Bild 84. Bewickelter Hackethaldraht.

schützte Teil wird dann in der oben erwähnten Weise mit einem
blanken, 2 mm dicken Weichkupferdraht gebunden.

4. Abspannen von Leitungen.

Die Abspannung einer Leitung wird als Endbund bezeichnet
und wird erforderlich bei
1. ihrer Einführung ins Gebäude (s. S. 90),

2. ihrer Überführung ins Kabel (s. S. 133),
3. Abzweigungen (s. S. 83),
4. Abgängen (s. S. 85),
5. erhöhter Sicherheit (s. S. 26).

Querträger werden ausschließlich mit U-Stützen versehen, wenn sie einen vollen, einseitigen Zug aufzunehmen haben, z. B. beim Übergang von blanker Leitung auf Kabel.

a) B r o n z e, H a r t k u p f e r u n d S t a h l.

Der Leitungsdraht aus Bronze oder Hartkupfer, bzw. Stahl wird zweimal um den Hals der Doppelglocke geschlungen und in mehreren Gegenwindungen befestigt (Bild 85). Die Anzahl dieser Windungen richtet sich nach der Dicke des Drahtes. Sie beträgt bei 1,5 und 2 mm dicken Drähten 4, bei dickeren 6. Der Leitungsdraht wird durch diese Abspannung etwas durchgebogen, was aber unbedenklich ist. Auf keinen Fall jedoch darf der Leitungsdraht hierbei so stark durchgezogen werden, daß er mitten auf die Doppelglocke zuläuft.

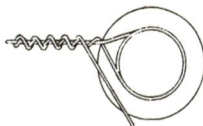

Bild 85. Abspannbindung (Endbund) für Bronze-, Hartkupfer- oder Stahldrähte.

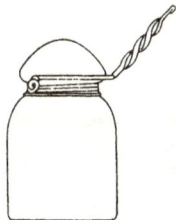

Bild 86. Verbindung mit halber Hülse an einer Doppelglocke.

Die beiden an einer Doppelglocke abgespannten Drähte werden, falls nicht eine Trennstelle für Untersuchungszwecke vorgesehen werden soll (s. unter Abgängen auf S. 85), mit ihren überstehenden Enden bis auf 1 cm in eine halbe Kupferhülse gesteckt und die Verbindung durch Verwürgen hergestellt. Das freie Ende wird fest zusammengedrückt und umgebogen, damit kein Regenwasser eindringen kann, und die Verbindungsstelle schräg aufwärts von der Stange weggebracht (Bild 86). Die Verbindungsstelle erhält einen Anstrich mit Asphaltlack.

b) A l d r e y d r a h t.

Zahlentafel 11.   **Arbeitsgänge bei einem Ald-Endbund.**

Arbeitsgang 1

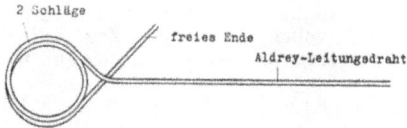

2 Schläge

freies Ende

Aldrey-Leitungsdraht

Arbeitsgang 2

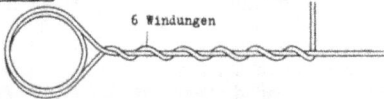

6 Windungen

Arbeitsgang 3

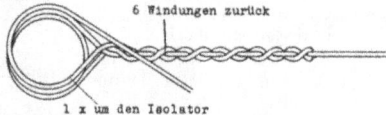

6 Windungen zurück

1 x um den Isolator

Arbeitsgang 4

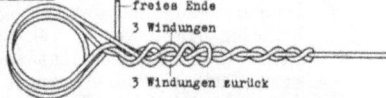

freies Ende

3 Windungen

3 Windungen zurück

Isolator Größe	Gesamte Wickellänge des Drahtes bei einem Leitungsdraht von			
	2 mm Dmr cm	2,5 mm Dmr cm	3 mm Dmr cm	4 mm Dmr cm
I	—	—	160	190
III	115	120	125	—

Das freie Ende des Leitungsdrahtes wird zweimal um den Hals der Porzellandoppelglocke geschlungen (Arbeitsgang 1), in 6 Gegenwindungen auf dem Leitungsdraht festgelegt, nochmals um den Isolatorenhals geführt (Arbeitsgänge 2 und 3) und weitere 3 Gegenwindungen auf die vorhandenen gebracht (Arbeitsgang 4).

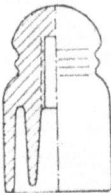

Bei Abzweigungen (s. S. 84) und Anlagen mit erhöhter Sicherheit (s. S. 26) werden Doppelglockenisolatoren mit doppeltem Halslager verwendet (Bild 87). Die beiden Drahtlager liegen 10 mm untereinander. Das untere Drahtlager nimmt die stärkere, das obere die schwächere Leitung auf. Die Verbindung der beiden abgespannten Drähte erfolgt, sofern keine Trennmöglichkeit erforderlich ist, in einer halben Aluminiumhülse.

Bild 87.
Isolator mit doppeltem Halslager.

c) Hackethaldraht.

Der Leitungsdraht wird in zwei Windungen um den Hals der Doppelglocke gelegt (Bild 88 a) und die nebeneinander liegenden Leitungsdrahtstücke auf eine Länge von 13 cm festgebunden. Der hierfür zu benutzende isolierte Bindedraht wird einmal um

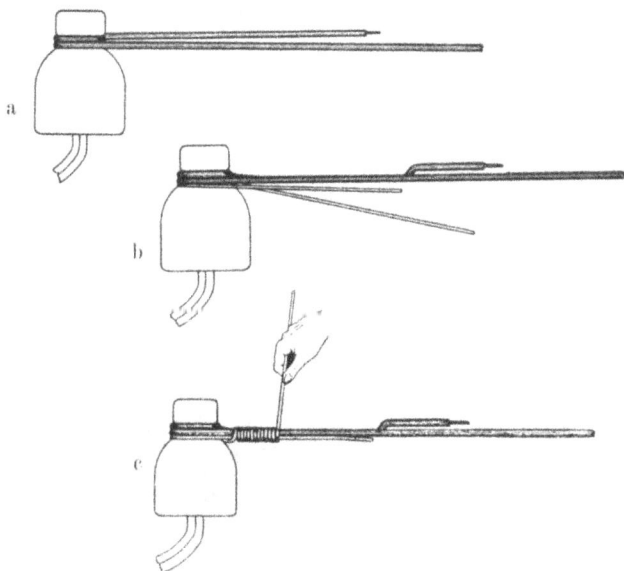

Bild 88. Abspannen einer Hackethaldrahtleitung.

den Hals der Glocke geführt (Bild 88 b) und das eine Ende in eng nebeneinander liegenden Windungen um die beiden Leitungsstücke gewickelt (Bild 88 c).

Bei Abgängen usw. werden wie beim Aldreydraht Doppelglockenisolatoren mit doppeltem Halslager verwendet. Die Verbindung zweier abgespannter Leitungen geschieht in einer halben Verbindungshülse, die mit wetterfester Masse überzogen wird.

5. Abzweigungen von Leitungen.

Sollen nebeneinander geschaltete Apparate an die Leitung geschlossen werden, z. B. Gesellschafts- oder Eisenbahnstreckenfernsprecher, Uhren usw., so müssen die Anschlüsse von den Leitungen abgezweigt werden.

Die Verbindung der abzweigenden Leitung mit der Stammleitung erfolgt am sichersten in einer Verbindungshülse. Hierzu müßte allerdings der Draht der Stammleitung geschnitten werden,

6*

um die Verbindungshülse aufschieben zu können. Dies ist von Nachteil. Da es nun in den Störungsfällen vielfach nötig ist, längere abzweigende Leitungen von der Stammleitung trennen zu müssen, um Prüfungen oder Messungen vornehmen zu können, ist die Verwendung einer guten Verbindungsklemme vorzuziehen.

Bild 89. Abzweigklemme.

Die Klemmfläche der im Bilde 89 gezeigten Abzweigklemme ist gewellt.

Für die Abzweigungen werden Isolatoren mit doppeltem Halslager (s. Bild 87 auf S. 82) benutzt. Die Stammleitung wird im oberen Drahtlager gebunden (s. S. 74), die abzweigende wird im unteren Drahtlager abgespannt (s. S. 80).

Kann der Draht einer abzweigenden Doppelleitung auf Hakenstützen nicht frei an der Stange vorbeikommen, so wird er über eine Hilfsstütze geführt. Für diesen Draht werden dann gewöhnliche Doppelglockenisolatoren genommen. Der abzweigende Draht wird an der Hilfsisoliervorrichtung abgespannt.

a) B r o n z e -, H a r t k u p f e r -, S t a h l - u n d A l d r e y - d r a h t.

Von der abgespannten abzweigenden Leitung wird ein für die Verbindung mit der Stammleitung genügend langes Ende stehen gelassen. Die Abzweigklemme wird auf den Draht der Stammleitung gesetzt und das freie Ende der abzweigenden Leitung

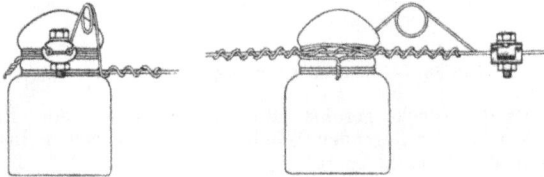

Bild 90. Abzweigung.

hineingesteckt. Darauf wird die Schraubenmutter fest angezogen (Bild 90). Damit sich das Drahtende ohne Schaden zu nehmen bei den Untersuchungen gut bewegen läßt, wird es auf halber Strecke einmal ringförmig gewunden.

b) H a c k e t h a l d r a h t.

Die Verbindung erfolgt in der gleichen Weise wie bei Bronze- usw. Drähten. An der Stelle, an der die Klemme auf die Stammleitung gesetzt werden soll, wird der Hackethaldraht blank gemacht und nachher nötigenfalls bis hart an die Klemme heran wie bei einer Drahtverbindung wieder mit wetterfester Masse überzogen.

6. Abgänge.

Leitungen, die unterwegs die Linie verlassen, werden als Abgänge bezeichnet. Beide Drähte, also sowohl der ankommende als auch der abgehende, werden an dieser Stelle abgespannt (s. unter Abspannen auf S. 80).

a) Einzel- und Doppelleitungen.

Während Einzelleitungen ohne weiteres von Hakenstützen abgehen können, erfordern Doppelleitungen stets Hilfsisoliervorrichtungen. Diese bestehen in Linien mit Hakenstützen aus einer zusätzlichen Hakenstütze (Bild 91 a), bei Querträgern aus einem Hilfsquerträger, der quer an das Ende des Querträgers geschweißt und mit zwei geraden Stützen versehen wird (Bild 91 b).

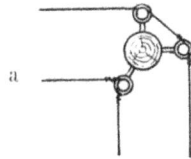

b) Schleifenleitungen.

Schleifenleitungen, wie z. B. Feuermeldeleitungen, benötigen gleiche Hilfsisoliervorrichtungen (Bild 92 a und b). Zur Erleichterung der Störungseingrenzung empfiehlt es sich, bei den Abgängen langer Schleifenleitungen Untersuchungsstellen einzubauen. Diese Leitungen werden dann an Isolatoren mit doppeltem Halslager abgespannt (Bild 93). Der im unteren Lager abzuspannende Draht bekommt vorher die Klemme aufgeschoben. Der andere abgespannte Draht wird über den Kopf der Doppelglocke hinweggeführt und in die Klemme gesteckt. Diese (Bild 94) besteht aus einem Klemmkörper (a) mit Bohrungen (b) für die Leitungsdrähte (c)

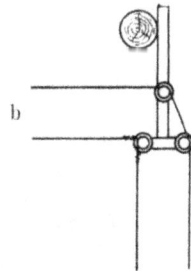

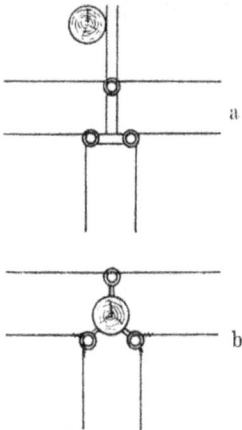

Bild 91. Abgang einer Doppelleitung.
a) an Hakenstützen;
b) an Querträgern.

Bild 92. Abgang in einer Schleifenleitung.
a) an Hakenstützen;
b) an Querträgern.

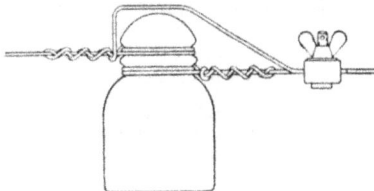

Bild 93. Untersuchungsstelle bei einem Abgange.

und aus einem Klemmkegel (*d*), der durch Drehen der Flügelmutter (*e*) gehoben und gesenkt werden kann und beim Anziehen der Mutter die Drähte (*c*) fest gegen den Klemmkörper (*a*) preßt.

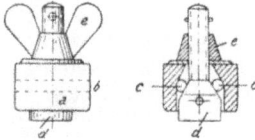

Bild 94. Untersuchungsklemme.

F. Arbeitsgänge an Bodengestängen.

1. Auslegen des Drahtes.

Der aufzubringende Leitungsdraht wird möglichst neben den Stangen ausgelegt.

Die Drahtringe müssen so abgewickelt werden, daß sich weder Knicke und Schleifen bilden können noch der Draht um seine Achse gedreht wird, weil diese Stellen später zu Drahtbrüchen neigen. Zum Abwickeln wird daher vorteilhaft ein Haspel (Bild 95) verwendet, der von zwei Monteuren getragen wird.

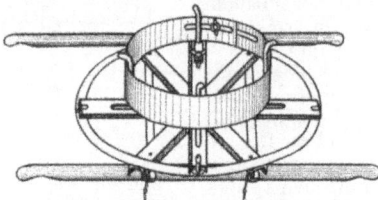

Bild 95. Haspel.

Ist ein Haspel nicht vorhanden, so können Stahldrahtringe auch abgerollt oder abgedreht werden. Beim Abrollen wird der Anfang des Drahtes an einer Stange festgebunden und der Ring wie ein Wagenrad auf dem Boden weitergerollt. Beim Abdrehen wird der Drahtanfang gefaßt und weggezogen, wobei der Ring aufrecht stehend gedreht wird. Bronze- oder Hartkupferdrahtringe sowie Aldrey- und Hackethalringe dürfen nicht so abgewickelt werden, weil die Drahtoberfläche hierbei verletzt wird und der Draht dann leicht bricht, bzw. die Umhüllung beschädigt wird.

Beim Auslegen dürfen die Drähte nicht an harten Gegenständen, über Steine usw. schleifen, weil hierunter beim Bronze- oder Hartkupferdraht sowie Aldreydraht die Ziehhaut und beim Hackethaldraht die Umhüllung leidet. Ebensowenig darf auf den Draht getreten oder gar gefahren werden. Daher muß der Draht an Wegübergängen gleich in die Stützen gebracht und vorläufig so fest gebunden werden, daß er nicht durchgleiten kann.

2. Recken des Drahtes.

Die miteinander verbundenen Bronze- oder Hartkupferdrähte sowie Stahldrähte werden auf geraden Strecken gereckt, um Biegungen und Knicke zu entfernen und fehlerhafte Stellen zu erkennen. Dies geschieht mit einem Flaschenzug (s. Bild 66 auf S. 64). Das eine Drahtende an einem und die Reckvorrichtung am anderen Ende werden an festen Gegenständen, z. B. Bäumen, in unmittelbarer Nähe der Linie befestigt. Um die Rinde der Bäume nicht zu beschädigen, werden Holzbrettchen zwischengelegt. Das Gestänge selbst ist zu diesem Zweck möglichst nicht zu benutzen. Fehlen jedoch andere Gelegenheiten, so ist der Draht oder die Reckvorrichtung dicht über dem Erdboden anzulegen, damit die Stange nicht schief gezogen wird.

Das freie Drahtende wird mit einer Parallelklemme (s. Bild 67 auf S. 64) gefaßt, die in den freien Haken des Flaschenzuges gehängt wird, und der Draht langsam mit $^1/_5$ bis $^1/_4$ seiner Bruchlast gespannt.

Diese beträgt bei Drähten aus

Leitungsbronze I	3	mm	= 370	kg
,, II	2	,,	= 208	,,
,, II	1,5	,,	= 125	,,
Hartkupfer	3	,,	= 315	,,

Die Spannung wird mit einer Federwaage (s. Bild 73 auf S. 71) ermittelt, die an einem in der Zugrichtung stehenden festen Gegenstand befestigt und während des Reckens zeitweilig mit einer Parallelklemme an den Draht gelegt wird. Sie nimmt beim Nachlassen der Reckvorrichtung den Zug allein auf und zeigt ihn an.

Drähte in Fernmeldeanlagen, die mit erhöhter Sicherheit gebaut werden müssen (s. S. 26), werden mit der Hälfte statt $^1/_5$ bis $^1/_4$ ihrer Bruchlast gereckt, damit sich die fehlerhaften Stellen unbedingt bemerkbar machen.

Die Knicke im Draht, die sich unmittelbar hinter der Reckvorrichtung befinden, werden auf einem Bohlenstück mit einem Holzhammer beseitigt.

Mitunter stehen örtliche Verhältnisse diesem vollwertigen Verfahren entgegen. Es muß dann versucht werden, den Zweck des Reckens wenigstens zum Teil zu erreichen. Ist das Recken des Drahtes wegen der erhöhten Sicherheit unbedingt erforderlich, aber auf der Baustelle nicht möglich, so muß es für die in Betracht kommenden Felder an einer geeigneten Stelle der Straße oder, wenn auch dies nicht geht, vorher im Lager erfolgen.

Verläuft die Linie nicht gerade, so werden die stärksten Knicke mit der Hand entfernt und der Draht nach seinem Aufbringen (s. u.) so straff wie möglich gespannt und wieder nachgelassen, bis der ordnungsmäßige Durchhang hergestellt ist.

3. Aufbringen des Drahtes.

Beim Bau einer neuen Linie sind die mittels Hülsen verbundenen Drähte in der Reihenfolge von oben nach unten und innerhalb der Querträger von der Stangenseite aus aufzubringen. Hierzu kann bei Stahldrähten eine Drahtgabel (Bild 96) benutzt werden. Bronze-, Hartkupfer- und Aldreydrähte sowie Hackethaldrähte dagegen müssen mit der Hand auf die Stütze, bzw. den Querträger gebracht werden.

G. Arbeitsgänge an Dachgestängen.

1. Ziehen der Drähte auf Dächern.

Bild 96.
Draht-
gabel.

Die zu ziehende Leitungsstrecke wird in Abschnitte von 500 bis 600 m eingeteilt und am Anfang und Ende eines Abschnittes je ein Haspel mit aufgelegtem Drahtring und eine Trommel mit einer Zugleine aufgestellt. Haspeln und Trommeln müssen auf schrägen Dächern gut befestigt werden, damit sie beim Arbeiten nicht hinunterfallen können.

Die beiden Endgestänge des Abschnittes werden mit Flaschenzügen usw. gegen die einseitige Belastung durch die zu ziehenden Leitungen behelfsmäßig gesichert, bis sie durch die Leitungen in den anschließenden Abschnitten nach beiden Seiten gleichmäßig beansprucht werden.

Alle Stützpunkte eines Abschnittes werden mit Monteuren besetzt. Über diese Stützpunkte wird eine der beiden Zugleinen gezogen, auf die Querträger gelegt und an ihrem herübergebrachten Ende sowohl der Draht als auch die zweite Leine befestigt. Sie wird nun am anderen Ende wieder auf ihre Trommel gewickelt und hierbei der Draht und die zweite Leine über die Querträger der dazwischenliegenden Stützpunkte gezogen. Die Enden des Drahtes werden an beiden Endgestängen zunächst festgebunden. Mit der zweiten Leine wird dann der zweite Draht zusammen mit der ersten Leine in entgegengesetzter Richtung gezogen. So geht es hin und her, bis alle Drähte aufgelegt sind.

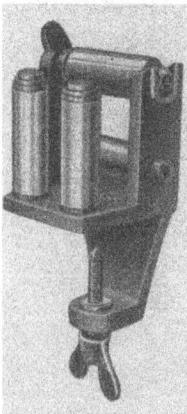

Drähte und Leinen werden geschont, wenn an jedem Gestänge mit Gleitvorrichtungen gearbeitet wird. Diese Gleitvorrichtung (Bild 97) besteht für Bronze- und Hartkupfer-, für Stahl- und für Hackethaldrähte aus 4 sich kreuzenden Rollen, die in einem Eisenwinkel gelagert sind. Die rechtwinklig gebogene Stahlachse kann mit der Rolle nach Abbiegen der sich gegen die Rolle legenden Feder zum Einlegen des Leitungsdrahtes oder der Zugleine seitlich gedreht werden. Die Vorrichtung wird mit ihrer Flügelschraube auf den Querträger geklemmt.

Bild 97. Gleitrollen.

Für Aldreydrähte wird statt der Gleitrolle eine hölzerne Vorlegeplatte benutzt (Bild 98), die mit dem Haken am Querträger be-

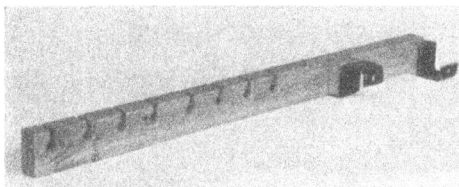

Bild 98. Hölzerne Vorlegeplatte.

festigt wird. Die Einschnitte der Platte werden mit Shellvaseline gefüllt und die Aldreydrähte eingelegt.

Ist der Abschnitt mit allen Drähten versehen, so werden die Leitungen am Anfangsgestänge abgespannt.

2. Leitungstönen.

Die Drähte erzeugen beim Schwingen tönende Geräusche, die sich über das Gestänge auf das Gebäude übertragen.

a) Anbringen von Dämpfern.

Läßt sich das Gestänge nicht hinreichend vom Gebäude isolieren, so werden auch an den Leitungen Dämpfungsvorrichtungen angebracht. Diese verhindern die Ausbildung eines Schwingungsknotens durch Belasten des Drahtes in der Nähe seiner Isoliervorrichtung oder schwächen ihn wenigstens genügend ab. Von den Mitteln hat sich das Bewickeln des blanken Drahtes als am wirksamsten erwiesen. Hierzu werden bei Bronze- oder Hartkupferdrähten sowie Stahldrähten Bleidraht, schmale Bleiblechstreifen oder altes Kabel mit Bleimantel benutzt. Sie werden 100 cm zu beiden Seiten der Doppelglocken in weiten Windungen lose um den Draht gewickelt und an beiden Enden mit Bindedraht befestigt.

Statt dessen kann der blanke Draht auch in einer Länge von 3 m, und zwar 1,5 m zu beiden Seiten der Doppelglocke, durch wettersicheren Bronzegummidraht (NGAW, s. Teil 1) ersetzt werden.

b) Verminderte Drahtspannung.

Bringen diese Mittel nicht den gewünschten Erfolg, so kann die Ursache des Tönens durch Vermindern der Drahtspannung bekämpft werden, soweit sich der Durchhang ohne Nachteile vergrößern läßt.

H. Ordnung der Leitungen.

Die Leitungen müssen an den Gestängen übersichtlich und gleichmäßig liegen, um ihre Unterhaltung und eine Erweiterung zu erleichtern. Unterwegs abzweigende oder abgehende Leitungen werden von Anfang an außen an der Seite geführt, nach der sie abzweigen, bzw. abgehen sollen.

I. Induktionsschutz.

Die Leitungen müssen ihren stets gleichen Platz nur aufgeben, wenn sie bei Bildung von Viererstromkreisen gegen die Beeinflussung, die gegenseitig und durch benachbarte Telegraphen- und Starkstromleitungen auftritt, geschützt werden müssen. In regelmäßigen Abständen kreuzen dann die Drähte einer Doppelleitungsschleife miteinander (Schleifenkreuzung) und wechseln die zu einem Viererstromkreis gehörigen beiden Doppelleitungsschleifen ihren Platz am Gestänge (Platzwechsel). Da diese Maßnahme nur auf größere Strecken Anwendung findet, wird nicht näher hierauf eingegangen. Für kürzere Entfernungen genügt der Schutz, den die Doppelleitungsschleife durch ihre Neigung gegen den Querträger infolge der Anordnung der Isoliervorrichtungen hat.

K. Einführung der Freileitungen.

Die Freileitungen an Bodengestängen werden durch die Wände, an Dachgestängen durch das Dach des Gebäudes eingeführt. Die Einführungsstelle soll vom Gebäudeblitzableiter möglichst weit entfernt sein. Die Leitungen werden an Einführungsisolatoren abgespannt und hier mit den Einführungsleitungen verbunden. Diese Leitungen sind, sofern es sich nur um wenige handelt, entweder wettersichere Bronzedrähte (NGAW) oder einadrige Gummikabel mit Bleimantel (GM), andernfalls Lackpapierkabel (LPM) (s. Teil 1).

1. Von Bodengestängen.

a) Durch die Gebäudemauer.

Die zu einer Doppel- oder Schleifenleitung gehörigen Einführungsleitungen werden durch ein gemeinsames Isolierrohr in das Innere des Gebäudes geführt (Bild 99). Das Rohr wird an der Außenseite durch eine Porzellanpfeife, innen durch eine Muffentülle aus Porzellan ab-

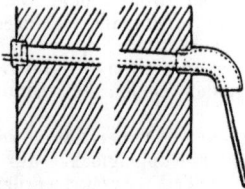

Bild 99. Mauerdurchführung.

geschlossen. Die Innenöffnung wird mit Asbestwolle verschlossen, damit keine Zugluft entsteht oder keine kalte Luft eindringen kann.

α) Mit NGAW.

Unterhalb des Isolierrohres werden 30 cm voneinander die beiden Isoliervorrichtungen angebracht (Bild 100). Die Sicherungen (s. Teil 1) kommen innerhalb des Gebäudes unmittelbar neben der Einführung zu sitzen.

Die Freileitung und der blanke Zuführungsdraht aus Bronze oder Hartkupfer, der zur Vermeidung des Tönens nur schwach gespannt wird, werden an der Stange, von der er abgehen soll, abgespannt und miteinander verbunden (s. S. 81). Am Einführungsisolator wird der Zuführungsdraht zweimal um den Hals der Doppelglocke geschlungen und mit 4 Gegenwindungen abgespannt. 10 cm bleiben für die Verbindung mit dem Einführungsdraht stehen. Der NGAW-Draht wird 50 cm von seiner Isolierhülle befreit und ebenfalls am Einführungsiso-

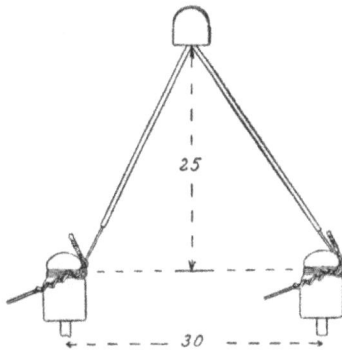

Bild 100. Einführung durch eine Gebäudemauer.

lator abgespannt, wobei statt der Gegenwindungen einige enge Windungen hergestellt werden und die Isolierhülle 5 cm vom Isolator entfernt bleibt. Die Drahtenden der beiden abgespannten Drähte werden, nachdem der NGAW-Leiter nötigenfalls durch eine Ausgleichhülse verstärkt worden ist, in einer halben Kupferhülse miteinander verwürgt, die an ihrem freien Ende fest zusammengedrückt und umgebogen wird, damit kein Regenwasser eindringen kann.

β) Mit GM.

Können die Einführungsisolatoren infolge des Standortes der Abspannstange nicht unter das Durchführungsrohr gesetzt oder die Sicherungen wegen örtlicher Schwierigkeiten nicht unmittelbar daneben angebracht werden, so benötigen die Einführungsleitungen auf ihrem längeren Wege einen mechanischen Schutz. Statt der NGAW-Drähte werden dann einadrige Gummikabel mit Bleimantel (GM) benutzt, die vom Einführungsisolator bis zu seinem Isolierrohr auf der Außenwand des Gebäudes nötigenfalls über Hindernisse, wie Regenabfallrohre, Mauervorsprünge, Pfeiler usw. verlegt und, wenn bestimmte Gründe vorliegen, auch durch einen Fensterrahmen statt durch ein Isolierrohr geführt werden können. Ebenso ist es möglich, die Kabel unmittelbar, und zwar unterirdisch an die Abspannstange zu bringen, wenn Zuführungsdrähte unschön wirken würden.

Die GM-Kabel werden in der Erde durch ein Rohr, das an den Biegungen keinen Druck auf das Kabel ausüben darf, und an der Abspannstange und den Gebäuden durch ein Halbrohr, das bis in den Erdboden reicht, in genügender Höhe geschützt. Die Halbrohre werden an der Stange und an der Außenwand mit eisernen Halbschellen befestigt und mit Wickel und Masse gedichtet. Das Wasser, das trotzdem eindringt, muß durch Undichtigkeiten des

Rohres abfließen können, damit sich kein Eis bilden kann. Die
Kabel werden an der Stange und am Gebäude mit Halbschellen
befestigt (s. Teil 1).

Werden die GM-Kabel unterirdisch eingeführt, so wird das
Eindringen von Gas ins Gebäude durch Abdichtung des Rohres
mit Wickel und Masse verhindert.

Die Verbindung der GM-Kabel mit der Freileitung erfolgt an
einem besonderen Einführungsisolator (Bild 101), der einen hohlen
Kopfteil besitzt und mit einer Kappe verschlossen wird. Das GM-
Kabel wird an der Stütze dieses Isolators an drei Stellen mit 1,5 mm

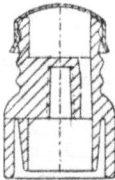

Bild 101.
Einführungsisolator.

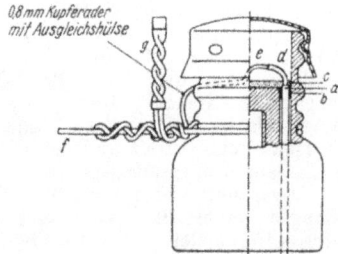

Bild 102. Verbindung der Freileitung mit
einem GM.

dickem, weichem Kupferdraht oder ausgeglühtem Bronzedraht
befestigt und von unten in den Isolator eingeführt (Bild 102). Sein
Bleimantel (a) muß bis zum Eintritt in den Hohlraum des Isolator-
kopfes reichen. Die Öffnung wird durch einen Wickel (b) um das
GM-Kabel abgedichtet und der Boden des Hohlraumes mit Isolier-
masse (c) vergossen. Die Gummiisolierung bleibt mindestens 15 mm
darüber hinaus bestehen. Die blanke Ader (e) wird durch eine seitliche Öffnung nach außen geführt und, nachdem sie am Ende durch
eine Ausgleichshülse verstärkt worden ist, einmal um die angespannte
Freileitung (f) gelegt und ihr freies Ende mit dem stehengebliebenen
Ende der abgespannten Freileitung in einer halben Kupferhülse (g)
verwürgt.

γ) *Mit LPM.*

Mehr als 2 Einzel- oder Doppelleitungen werden stets mit
Kabeln (LPM) eingeführt, mit denen sie über einadrige GM-Kabel
in wettersicheren Endverzweigern (s. Bild 145 auf S. 131) an der
Abspannstange verbunden werden. Wegen der Verlegung der LPM
in die Erde gilt das gleiche wie für die GM.

b) Von Dachgestängen.

α) *Mit GM.*

Zur Einführung von weniger als 10 Doppelleitungen werden
einaderige GM-Kabel verwendet. Sie werden wie bei der Einführung
durch die Gebäudemauer in Einführungsisolatoren mit doppeltem

Halslager mit den abgespannten Freileitungen verbunden und in dem Rohrständer, an dem die Freileitungen abgespannt werden (s. S. 80), unters Dach geführt, wo sie an den Sicherungen enden. Der Rohrständer (*a*) wird, damit keine Feuchtigkeit ins Gebäude dringen kann, durch eine Kappe (*b*) mit Schutzhaube (*c*) abgeschlossen (Bild 103). Eine Kausche (*d*) schützt die GM (*e*) beim Austritt vor scharfer Biegung. Damit zwischen den im Rohr eng zusammenliegenden einadrigen GM kein Nebensprechen auftritt, müssen ihre Kabelmäntel in der Nähe der Sicherungen untereinander mit einem Kupferdraht verbunden und geerdet werden.

β) *Mit LPM.*

Sind mindestens 10 Doppelleitungen einzuführen, so wird der Rohrständer mit einem wettersicheren Endverzweiger (s. Bild 145 auf S. 131) versehen, in dem die GM mit LPM zur Weiterführung ins Gebäude verbunden werden.

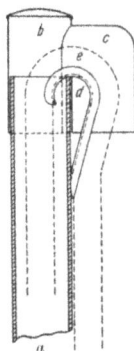

Bild 103.
Verschlußkappe mit Schutzhaube und Kausche für Rohrständer.

L. Anlegen der Leitungen an den Sicherungsschutz.

1. NGAW.

Beim Anlegen an den Sicherungsschutz wird der NGAW-Draht von seiner Beflechtung und Bewicklung soweit befreit, daß beide 20 mm von der Klemme der Sicherung entfernt sind. Ein kurzes Stück der Gummiisolierung bleibt stehen, damit der Lackschlauch (Rüschschlauch), der gegen das Ausfasern über die Beflechtung geschoben wird, die Drahtadern nicht berühren und hier schwammigen Grünspan bilden kann.

2. GM und LPM.

Wegen der Behandlung s. Teil 1.

Außenkabel.

I. Verwendung.

Außenkabel werden benutzt, wenn zwischen zwei Stellen, die durch Wege, Plätze, Flüsse usw. voneinander getrennt sind, eine größere Anzahl Verbindungen hergestellt werden muß.

II. Beschaffenheit.

A. Allgemeines.

Für die Beschaffenheit der Leitungen gilt im allgemeinen das gleiche wie für die Innenkabel (s. Teil 1).

1. Leiter.

Die Leiter bestehen aus Kupfer oder Aluminium nach VDE 0201 und 0202U/1937 (s. Teil 1).

2. Isolierung.

Zur Isolierung dienen Papier, Gummi und Papierbaumwolle. Die Papierisolation kann hohl oder fest sein. Die hohle wird zur Verringerung der Kapazität bei Fernsprechkabeln angewandt. Sie besteht darin, daß zwei Lagen Papier lose um die Kupferader gewickelt werden, so daß sie gewissermaßen ein hohles Rohr um die Ader bilden. Die Isolierung wird dabei zum großen Teil durch die Lufthohlräume gebildet. Feste, getränkte Papierisolierung wird nur bei paarverseilten Fernsprechkabeln und für kürzere Strecken benutzt.

Die Gummiisolierung wird für Telegraphen- und Signalkabel dort verwendet, wo das Eindringen von Feuchtigkeit oder Säuredämpfen zu befürchten ist.

Die Papierbaumwollisolierung kann getränkt werden, um die Feuchtigkeitsaufnahme zu verringern und die Durchschlagsfestigkeit zu erhöhen. Hierdurch wächst allerdings die Kapazität und mit ihr die Dämpfung.

3. Verseilung.

Die Signal- und Telegraphenkabel sind adrig, die Fernsprech- und Wechselstrom-Signalkabel paarig verseilt (s. Teil 1).

Verseilt man 4 Adern von zwei Sprechkreisen so miteinander, daß die 4 Adern in den Eckpunkten eines Quadrates liegen und je 2 diagonal einander gegenüberliegende Adern einen Sprechkreis bilden, dann erreicht man, daß sich die zwei Sprechkreise dieses sogenannten Sternvierers einander nicht beeinflussen, wie auch bei entsprechender Wahl der Viererdralle eine gegenseitige Beeinflussung benachbarter Vierer nicht auftritt. Solche Kabel mit Sternverseilung ergeben bei Papierluftisolation und bei größerer Sprechkreiszahl eine bessere Raumausnutzung und damit einen kleineren Durchmesser. Sie sind in diesen Fällen also wirtschaftlicher als die paarverseilten Kabel.

Außer den paarverseilten und sternverseilten Fernsprechkabeln gibt es andere Verseilungsarten, je nachdem mehrere Adern oder Doppeladern zu weiteren Gruppen, z. B. Achtern, Doppelsternen usw. zusammen verseilt sind. So werden z. B. bei dem Dieselhorst-Martin-System zwei Doppeladern miteinander verseilt, während eine Anzahl solcher Vierer zusammen verseilt die Kabelseele bilden. Diese Kabel haben den Vorteil, daß aus je zwei Doppeladern eines Vierers ein dritter Sprechkreis im Vierer gebildet wird, der bei dieser Bauart verhältnismäßig günstige elektrische Werte aufweist.

4. Kennzeichnung der Adern.

In jeder konzentrischen Lage wird eine Ader, ein Adernpaar, Doppelpaar oder Sternvierer kenntlich gemacht.

5. Bleimantel und Bewehrung.

Die Bleimäntel der Kabel bestehen aus reinem Blei. Die Kabel sind entweder unbewehrt (ohne und mit Papier-Jute-Schicht) oder bewehrt ohne oder mit äußerer Juteschicht. Die Bewehrung der Außenkabel besteht aus Bandeisen- oder Rund- bzw. Flachdraht. Zwischen ihr und dem Bleimantel sind zwei Lagen vorgetränktes Papier und eine Lage vorgetränkter Jute mit dazwischen befindlichen zähflüssigen Compoundschichten.

6. Abschluß.

Jedes Kabel oder Kabelstück wird bis zu seiner Verwendung luft- und wasserdicht abgeschlossen. Hierzu dient eine Bleikappe, die auf das Kabel gesetzt und verlötet wird. Der Abschluß muß auch erfolgen, wenn das Kabel nur kurze Zeit unverschlossen bleiben würde, z. B. während seiner Beförderung zur Verwendungsstelle oder beim Umlegen im geschnittenen Zustande. Er kann dann unter Benutzung älterer Bleimantelstücke hergestellt werden. Die Kabeladern werden vorsichtig einige Zentimeter in das Kabel hineingestaucht, eine kleine Bleiplatte hineingeschoben und der Bleimantel zu einem Rande darüber umgeschlagen und mit der Bleiplatte verlötet (s. unter Lötung auf S. 122).

B. Aufbau.

Bezeichnung	Art des Kabels	Leiter (Dmr. in mm)	Bespinnung	Verseilung der Adern	Bewicklung des Kernes	Geeignet zur Verlegung
APM¹ (Bild 104)	Papierkabel mit Bleimantel	0,6 und mehr	Eine oder mehrere Lagen Papier fest (getränkt) oder hohl	Einzeladern, Adernpaare, Doppelpaare, Sternvierer		
ALPM	Lackpapier-kabel mit Bleimantel	0,6 und mehr	wie LPK und ILPM (s. Teil 1)		wie Innenkabel mit Bleimantel	über od. unter Putz, unterirdisch
AGM (Bild 105)	Gummikabel mit Bleimantel	0,6 und mehr	wie GK und IGM (s. Teil 1)			
APBM (Bild 106)	Papier-baumwollkabel mit Bleimantel	0,6 und mehr	wie IPBM (s. Teil 1)			
ALPBM	Lackpapier-baumwollkabel mit Bleimantel	0,6 und mehr	wie ILPBM (s. Teil 1)			

¹) Die Dämpfung beträgt bei 0,6 mm Dmr. 0,100 Neper/km, bei 0,8 mm Dmr. 0,075 Neper/km.

Bild 104. APM.

Bild 105. AGM.

Bild 106. APBM.

III. Verlegung.

A. Allgemeines.

Die Fernmeldekabel werden hinsichtlich der Auslegungsart unterschieden in: Erdkabel, Flußkabel und Röhrenkabel.

B. Schutz.

1. Vor Feuchtigkeit.

Kabel, die zwar eine feuchtigkeitssichere oder gar wasserdichte Schutzhülle besitzen, deren Adern aber nicht feuchtigkeitssicher isoliert sind, müssen gegen das Eindringen von Feuchtigkeit ausreichend geschützt werden. Die Kabel sind in wasserdichte Geräte und Verteilungskasten so einzuführen, daß keine Feuchtigkeit in das Innere dringen kann.

2. Vor Starkstromanlagen.

Die in den Erdboden zu verlegenden Fernmeldekabel müssen von den Bauteilen oberirdischer Starkstromanlagen mindestens 0,8 m entfernt sein.

a) Mechanische Beschädigungen.

Bei Annäherungen unter 0,8 m sind die Fernmeldekabel gegen mechanische Beschädigungen, die beim Arbeiten an der Starkstromanlage eintreten können, zuverlässig zu schützen. Dieser Schutz muß nach beiden Seiten über die Annäherungsstelle mindestens 0,5 m hinausragen. Zwischen den Gestängen, Ankern und Streben oberirdischer Starkstromanlagen erhalten die Fernmeldekabel in jedem Fall gegen mechanische Beschädigungen einen sicheren Schutz. Die Standsicherheit der Maste darf durch die Benutzung dieses Teiles nicht leiden.

Liegen die Fernmeldekabel bei Kreuzungen oder Näherungen von weniger als 0,3 m tiefer als die Starkstromkabel, so werden die Starkstromkabel gegen mechanische Beschädigungen mit einem Schutz versehen, der nach jeder Seite 0,5 m über die Kreuzungs- oder Annäherungsstelle hinausragt. Die Starkstromkabel werden auch mit Steinen abgedeckt, wenn die Fernmeldekabel in Kanälen verlegt sind.

b) Wärmewirkungen.

Fernmeldekabel und Starkstromkabel sind in der Erde möglichst weit voneinander entfernt zu verlegen. Müssen sich jedoch die Kabel auf weniger als 0,3 m nähern, so sind die Fernmeldekabel auf der den Starkstromkabeln zugekehrten Seite zum Schutz gegen Wärmewirkungen mit Halbmuffen aus Ton, Steinzeug oder einem Stoff von gleicher Wärmebeständigkeit zu versehen. Dieser Schutz muß bei Kreuzungen mindestens 0,5 m zu beiden Seiten der gekreuzten Starkstromkabel, bei Annäherungen ebenso weit über den Anfang und das Ende der Annäherungsstelle hinausragen.

C. Erdkabel.

1. Allgemeines.

Erdkabel werden überall da verwendet, wo für die Verlegung kein teures Pflaster aufgerissen zu werden braucht und keine Vermehrung der Verbindungen in absehbarer Zeit zu erwarten sind.

Als Erdkabel werden Kabel mit und ohne Bewehrung benutzt. Die Bewehrung muß überall da vorhanden sein, wo mit elektrischer oder chemischer Gefährdung des Kabelmantels, z. B. in mergelhaltigem Boden, zu rechnen ist oder das Kabel mechanisch stark beansprucht wird, z. B. über Brücken. Ein weiterer Schutz über der Bewehrung kann in Gruben, Tunnels oder in säurehaltigem Boden nötig werden. Dagegen kann das blanke Kabel in Sand, Lehm, Torf oder in einer Mischung dieser Bodenarten ausgelegt werden, wenn der Bleimantel nicht durch Irrströme aus Gleichstrombahnen oder durch chemische Zersetzung gefährdet ist.

2. Führung.

Die Kabel werden so ausgelegt, daß sie stets zugänglich bleiben. Sie dürfen weder vorhandene Anlagen stören oder beeinflussen noch Arbeiten an ihnen wesentlich erschweren. Kreuzen sie fremde Anlagen, so sind sie unterdurchzuführen, weil sie dann bei Arbeiten an diesen Anlagen am besten geschützt sind. In Ortschaften wird der Gehweg der Fahrbahn bevorzugt.

a) Im Erdreich.

Frisch angeschüttetes Erdreich kommt für die Verlegung erst in Betracht, wenn es sich genügend gesetzt hat und sich das Kabel nicht mehr verlagern kann. Das Erdreich mit Abwässern, Jauche usw. ist möglichst zu meiden.

b) Über Brücken.

Über Brücken werden die Erdkabel entweder in die Erdaufschüttung der Geh- oder Fahrbahn gebracht oder unter der Brückenbahn an den Bogen und Trägern mit eisernen Schellen und Bändern befestigt. Die häufigen Erschütterungen und die starke Erwärmung können das Gefüge des Bleies so beeinflussen, daß es rissig wird. Lange eiserne Brücken sind bei Wärmeschwankungen einer Längenveränderung unterworfen. Die Kabel werden daher nicht straff gezogen, um den Veränderungen folgen zu können.

3. Herstellen des Kabelgrabens.

Die Kabel werden in Gräben ausgelegt. Die hiermit verbundenen Erd- und Pflasterarbeiten werden zweckmäßig einem Unternehmer übertragen.

Beim Auswerfen der Gräben ist vorsichtig zu Werke zu gehen, damit vorhandene Anlagen (Gas, Starkstromanlagen usw.) nicht beschädigt werden. Die ausgehobenen Erdmassen werden auf einer Grabenseite so weit vom Rande gelagert, daß sie nicht wieder zurückfallen können. Rasenboden wird besonders gelegt und nötigenfalls begossen. Ebenso sorgfältig ist mit dem wiederaufzubringenden Straßen- und Wegbelag zu verfahren.

a) Sicherung.

Der Graben ist durch vorgeschriebene Warnungszeichen kenntlich zu machen und bei eintretender Dunkelheit zu beleuchten.

b) Breite.

Für ein einzelnes Kabel genügt oft schon eine Grabenbreite von 30 cm.

c) Tiefe.

Die Tiefe des Grabens beträgt für Papiererdkabel 60 bis 75 cm, auf Brücken der Erdaufschüttung entsprechend weniger.

d) Grabensohle.

Die Grabensohle muß vollkommen eben und fest hergestellt werden, damit das Kabel überall aufliegt. Lose und vorstehende Steine werden entfernt. Auf steiniger und felsiger Sohle wird eine 5 cm dicke Schicht steinfreier Erde gleichmäßig aufgebracht und festgestampft. Ecken im Graben werden abgerundet.

Damit die Kabel bei Kreuzungen mit fremden Anlagen unterhalb dieser Anlagen verlegt werden können, wird die Grabensohle nach dieser Stelle hin von beiden Seiten allmählich gesenkt.

4. Durchstich des Straßenkörpers.

Bei Straßenkreuzungen kann die Herstellung des Kabelgrabens mit Rücksicht auf den Verkehr oder auf die Kosten für die Wieder-

7*

herstellung der Straßendecke dadurch vermieden werden, daß der Straßenkörper durchstochen wird. Natürlich muß der Untergrund hierfür geeignet und dürfen keine fremden Anlagen im Wege sein. Für den Durchstich reicht bei schmalen Straßen und für weichen Boden ein Gasrohr aus, das hindurchgetrieben wird. Andernfalls muß der Durchstich mit einem Stoßbohrgerät ausgeführt werden und wird besser einem Unternehmer übertragen, der ein solches Gerät besitzt.

5. Auslegen des Kabels.

Das Kabel wird auf seiner Trommel bis zu seinem Verwendungsort gefahren. Das Rollen der Trommel ist möglichst zu vermeiden, weil hierbei Unfälle sowie Kabelbeschädigungen eintreten können. Läßt es sich nicht umgehen, so werden die Schalbretter abgenommen, um das Kabel beobachten zu können, und die Trommel in der Pfeilrichtung gerollt, die außen auf der Trommelscheibe angegeben ist.

a) Nach einer Seite.

α) Von der gefahrenen Trommel.

Ist der Graben gänzlich frei von Hindernissen und an der Seite befahrbar, so wird die Trommel von einem fahrenden Wagen aus abgerollt. Hierzu wird sie drehbar auf einer dicken, eisernen Welle gelagert, die von zwei fest mit dem Wagen verbundenen Böcken (Bild 107) getragen wird. Das Kabel darf beim Abwickeln weder einem unzulässigen Zug noch Druck ausgesetzt werden, d. h. die Trommel muß sich im Verhältnis zur Bewegung des Wagens drehen, darf also weder Hemmungen haben, noch eine zu große Beschleunigung bekommen.

Bild 107.
Kabelbock.

β) Von der feststehenden Trommel.

Ist der Graben von fremden Anlagen durchzogen oder an der Seite nicht befahrbar, so werden die beiden Böcke am Ende aufgestellt und das Kabel von der Trommel langsam in den Graben gleiten gelassen. Das Kabel wird durch den Graben getragen und unter die Hindernisse hindurchgesteckt, ohne auf dem Boden oder an der Wandung zu schleifen. Hierauf ist besonders an Krümmungen zu achten. Das Kabel muß vor scharfen Biegungen behütet werden, weil der Bleimantel sehr empfindlich ist. Sein verkapselter Abschluß muß unversehrt bleiben.

b) Nach zwei Seiten.

Ist ein Teil des Grabens frei, der andere aber besetzt, so wird die Trommel zwischen beiden Teilstrecken aufgestellt und zuerst in dem besetzten Teil und dann mit Hilfe des Wagens in dem anderen Teil ausgelegt. Ist die Seite dieses Teiles aber unbefahrbar, so wird der Rest des Kabels zunächst vorsichtig in weiten Schlägen von der Trommel abgewickelt und darauf in den Graben gebracht.

6. Schutz.

Die Kabel sind im Erdreich verschiedenen Gefahren ausgesetzt, wenn in ihrer Nähe fremde Anlagen liegen. Sie können bei Aufgrabungen beschädigt sowie durch elektrische Anlagen oder chemische Abwässer gefährdet werden und müssen daher hiergegen geschützt werden.

a) Vor Beschädigungen.

α) *Äußerer Schutz.*

Der Schutz gegen Beschädigung bei Aufgrabungen besteht aus einem äußeren oder einem Warnungsschutz. Den besten äußeren Schutz bieten auf kurzen Strecken Stahlrohre, auf längeren Entfernungen Kabelkanäle. Die Rohre sind ein- oder zweiteilig. Das einteilige Rohr wird schon beim Auslegen auf das Kabel geschoben. Das zweiteilige wird nach dem Auslegen so um das Kabel gelegt, daß die einen Hälften die Stoßstellen der anderen bedecken, damit das Rohr auf seiner ganzen Länge starr wird. Die Rohre dürfen keine eisernen Brückenpfeiler, Maste u. dgl. berühren, die unter Starkstrom geraten können. Wegen der Kabelkanäle s. S. 103.

β) *Warnungsschutz.*

Als Warnungsschutz dienen runde Halbrohre aus hartgebranntem Ton, mit denen das Kabel bedeckt wird, oder dachartige Abdeckstücke, die auch Pickenhiebe an ihren schrägen Flächen leicht abgleiten lassen. Braucht bei Aufgrabungen mit Pickenhieben bis zu den Erdkabeln nicht gerechnet zu werden, so genügt die billige Abdeckung mit festgebrannten Ziegel- oder Hüttensteinen in einfacher Querlage. Das Erdkabel wird dann vorher gleichmäßig mit einer 10 cm hohen, nur leicht festgedrückten Schicht von Erde oder Sand bedeckt.

Kalksandsteine sind zur Abdeckung ungeeignet, weil sie in feuchtem Zustande kohlensauren Kalk ausscheiden, der den Bleimantel angreift.

b) Vor Irr- und Starkströmen.

Zum Schutz gegen Irrströme oder bei Näherungen an Starkstromkabel werden nichtleitende Rohre, z. B. aus Asbestzement, verwendet.

c) Vor chemischen Einflüssen.

Chemischen Einflüssen wird das Erdkabel dadurch entzogen, daß die Schutzrohre abgedichtet werden.

7. Zufüllen des Grabens bzw. des Durchstichs.

Beim Zufüllen des Grabens wird das Erdreich nach jeder 20 cm stark eingeworfenen Schicht festgestampft. Freigelegte Kabel und andere Anlagen werden wieder ordnungsmäßig eingebettet und abgedeckt. Darauf wird die Straßendecke wieder ordnungsmäßig hergestellt.

Ein Durchstich des Straßenkörpers muß nach dem Einziehen des Kabels sorgfältig ausgefüllt werden, damit keine Hohlräume entstehen, die die Festigkeit der Straßendecke gefährden können.

D. Flußkabel.

1. Allgemeines.

Als Flußkabel können gewöhnliche Erdkabel mit Bewehrung verwendet werden, wenn das Gewässer schmal und ruhig ist und nicht befahren wird. Andernfalls kommen stärker bewehrte Kabel in Betracht.

2. Führung.

Die Kabel werden möglichst an einer Stelle durch den Fluß gelegt, die unter Aufsicht steht, z. B. in der Nähe einer Fähre oder einer Brücke, die selbst nicht benutzt werden kann (Dreh- oder Hubbrücke).

Ist der Untergrund felsig oder verschiebt sich das auf ihm befindliche Geröll, so wird sich das Kabel scheuern. An Ankerplätzen kann es durch schleppende Anker beschädigt werden. Daher müssen solche Stellen gemieden werden.

Die für die Durchführung am besten geeignete Stelle wird mit der Wasserbaubehörde ermittelt.

a) Bei Brücken.

Bei einer Brücke ist das Kabel stromabwärts auszulegen, damit die Strömung es nicht gegen die Brückenpfeiler drängt und scheuert.

b) Bei Schleusen und Wehren.

Bei einer Schleuse oder einem Wehr, an denen das Wasser gestaut ist, wird das Kabel stromaufwärts verlegt, weil es dann leichter versandet.

c) An den Ufern.

Die Kabelenden müssen an beiden Ufern hochwasserfrei zu liegen kommen, damit die Verbindungen mit den Frei- oder Kabelleitungen (s. S. 114 und 133) trocken bleiben.

3. Auslegen.

a) Vom Ufer.

Die Kabeltrommel steht am Ufer. Im Flusse werden Boote verankert und eine Zugleine hinübergebracht, mit der das Kabel von einem Ufer zum andern gezogen wird. Das Kabel wird dann von den Booten aus versenkt. An flachen Ufern wird das Kabel 30 bis 50 cm tief eingebaggert, damit es bei niedrigem Wasserstand nicht freiliegt. Es muß auf der ganzen Strecke eingebaggert werden, wenn es auf der Sohle des Flußbettes nicht von selbst versandet oder verschlammt.

b) Von Brücken.

Kommt das Kabel in unmittelbarer Nähe einer Brücke zu liegen, so wird es auf der Brücke ausgerollt, von hier aus ins Wasser gelassen, nachdem es an den Enden mit Tauen festgelegt worden ist.

4. Befestigung an den Ufern.

Das Kabel wird an den Ufern nach Möglichkeit mindestens 10 bis 15 m im festen Boden eingegraben, bevor es seinen Anschluß an die ober- oder unterirdische Linie erhält. An Ufermauern wird es in kräftigen Schellen hochgeführt und durch eiserne Halbrohre geschützt.

5. Baken.

Auf die Lage des Kabels wird entsprechend der Anordnung der Wasserbaubehörde durch Schilder (Baken) an den Ufern mit der Aufschrift „Kabel! Nicht ankern!" hingewiesen.

E. Röhrenkabel.

1. Kanäle.

Sind auf gleichen Strecken mehrere Kabel zu verlegen oder muß mit der späteren Zulegung von Kabeln gerechnet werden, so werden die unbewehrten Kabel in Kanäle verlegt.

a) Beschaffenheit.

Diese bestehen aus Kabelformstücken oder, wenn hierfür nicht genügend Platz vorhanden ist, z. B. auf Brücken, aus Kabelschutzrohren.

α) Kabelformstücke.

Die Kabelformstücke (Bild 108) werden in einer Länge von 1 m aus Beton hergestellt und besitzen 1 bis 4 Züge von je 100 mm lichter Weite, die mit einer vollkommen glatten Deckschicht aus Bitumen versehen sind. Die Zugmündungen sind etwas trichterförmig erweitert, damit der Kabelmantel

Bild 108. Zweizügiges Kabelformstück für Haupt- und Verteilungskanäle.

beim Einziehen des Kabels nicht beschädigt wird, wenn die Kabelformstücke nicht genau aneinander passen. Jedes Formstück besitzt auf der einen Seite eine Nut, auf der anderen einen Falz, so daß die Querseiten zweier Formstücke fest anschließend zusammengeschoben werden können. Außerdem werden die Formstücke mit Stahldornen untereinander verbunden, die in die beiden Löcher an den Querseiten gesteckt werden, um dem Kanal ein festes Gefüge zu geben.

β) Kabelschutzrohre.

Als Kabelschutzrohre werden Rohre aus Flußstahl oder Asbestzement verwendet.

Die Flußstahlrohre sind nahtlos und mit Muffen versehen. Die Asbestzementrohre werden bei Näherung an Starkstromanlagen oder zum Schutz gegen Irrströme benutzt.

b) Führung.

Die Kanäle werden möglichst in Gehwegen und nur ausnahmsweise in Fahrwegen verlegt. Sie sind möglichst entfernt von unterirdischen Starkstromanlagen unterzubringen. Laufen sie nur im Abstande von weniger als 30 cm nebeneinander oder kommt der Kabelkanal weniger als 30 cm oberhalb oder 50 cm unterhalb des Starkstromkabels zu liegen, so müssen die Formstücke auf der den Starkstromkabeln zugekehrten Seite durch Auftragen einer Betonschicht auf mindestens 6 cm Wanddicke gebracht werden. Beim Zusammentreffen mit anderen Anlagen darf eine gegenseitige Beeinträchtigung nicht eintreten. Der Abstand muß bei Näherungen mindestens 6 cm betragen.

c) Herstellen des Kanalgrabens.

Auch diese Arbeit wird zweckmäßig einem Unternehmer übertragen.

α) *Sicherung.*

Für die Sicherung gilt das gleiche wie bei der Herstellung eines Kabelgrabens (s. S. 99). Während der Arbeiten muß der Verkehr auf den Gehwegen und den Fahrbahnen aufrechterhalten bleiben. Bei Kreuzungen der Fahrbahnen sind daher die beiden Straßenhälften nacheinander in Anspruch zu nehmen. Die Zugänge zu Briefkästen und Feuermeldern müssen frei bleiben.

β) *Tiefe.*

Die Tiefe des Grabens richtet sich nach dem Umfang der Anlage. Die Deckung braucht in Gehwegen nicht so stark zu sein wie in Fahrwegen. Für Gehwege genügen 35 bis 50 cm, für Fahrwege 60 cm. Ist diese Mindestdeckung nicht zu erreichen, so müssen Kabelschutzrohre genommen werden.

γ) *Breite.*

Die Breite des Grabens hängt von der Anzahl der Züge der Formen ab. Sie muß 25 cm größer sein, als das zu verlegende Kabelformstück, damit die Stoßfugen gut mit Mörtel bestrichen werden können (s. u.).

δ) *Grabensohle.*

Die Grabensohle muß vollkommen eben sein und festgestampft werden.

d) Verlegen.

α) *Kabelformstücke.*

Die Formstücke werden, nachdem ihre Züge gründlich, aber ohne die Bitumenschicht zu beschädigen, gereinigt worden sind, so auf die Grabensohle gelegt, daß der Falz des einen in die Nut des anderen Stückes fassen kann. Die Stoßstellen werden in eine 10 cm breite und 2 cm dicke Zementmörtelschicht gebettet, die in eine entsprechende Vertiefung der Sohle gebracht wird, damit die Formstücke in ihrer ganzen Länge fest aufliegen. Die Querseiten der zu verbindenden Formstücke werden gut angefeuchtet und mit Hilfe von stählernen Dornen, die in Zementmilch getaucht worden sind und in die Löcher der Querseiten gesteckt werden, fest zusammengebracht. Die Stoßfugen werden an den Seiten und oben sorgfältig mit Zementmörtel gedichtet, der so dick sein muß, daß er nicht in die Züge fließen kann.

Ein Kanalzug muß immer geradlinig verlaufen. Die Formstücke werden daher mit einer gespannten Schnur oder mit Dornen ausgerichtet, die gleichzeitig die Züge nochmals reinigen sollen. Die Dorne (Bild 109) bestehen aus einem Stahlrohr, das etwas dünner ist als die lichte Weite der Züge. Am einen Ende besitzen sie eine Stange, am anderen einen Rei-

Bild 109. Richtdorn.

ber aus Lederscheiben und einer Bürste. Die Scheibe ist etwas größer als die Öffnung der Züge.

Das zuerst auszulegende Formstück wird in jedem Zuge mit einem Richtdorn versehen, wobei die Stangen dem nächsten Formstück zugekehrt sind. Nach dem Anlegen dieses Formstückes werden die Richtdorne an den Stangen so weit vorgezogen, daß sie zur Hälfte in beiden Formstücken stecken usf. So durchwandern sie den ganzen Kabelzug.

β) Kabelschutzrohre.

Auch die Kanalstrecken aus Kabelschutzrohren werden möglichst geradlinig gebaut. Bei der Befestigung der stählernen Schutzrohre an Brückenkörpern muß die Wärmeausdehnung der Rohre und der Brücke berücksichtigt werden. Dies geschieht zweckmäßig unter Verwendung von Muffen- oder Mantelrohren. Die Zwischenräume werden durch Wickel abgedichtet, die Rohrstoßstellen mit Hanfstrick verstemmt. Mehrere Einzelrohre werden so verlegt, daß die Rohrmuffen gegeneinander versetzt sind.

Bild 110. Übergangskabelformstück.

In Fahrbahnen werden die Räume zwischen den Rohren mit Zementmörtel ausgefüllt und die Rohrbündel mit einer Betonschicht umgeben. Für den Übergang von Formstücken auf das Rohr dienen zweiteilige Übergangsformstücke (Bild 110). Sie (a) sind so ausgebildet, daß das muffenlose Stahlrohr (*b*) darin eingebettet und das gewöhnliche Kabelformstück (*c*) angesetzt werden kann.

e) Zufüllen des Grabens.

Der Graben darf erst wieder zugefüllt werden, wenn die Zementmörtelwülste der Formstücke genügend abgebunden haben. Der Raum wird zwischen dem Kanal und der Grabenwand mit steinfreier Erde ausgefüllt unter mehrmaligem Feststampfen 20 cm starker Schichten. Dann wird auch die obere Formstücklage mit steinfreier Erde 10 cm hoch bedeckt, und nach dem Festdrücken dieser Schicht der Graben in gleicher Weise bis zur Pflasterhöhe zugefüllt. Hierbei ist darauf zu achten, daß die fremden Anlagen gut unterstopft werden. Zum Schluß wird die Straßendecke wieder in ihrem früheren Zustand hergestellt.

2. Kabelschächte.

a) Zweck.

Zum Einziehen der Kabel in die Formstücke eines Kanals (Hauptkanal) und zur Aufnahme der Lötstellen werden Kabelschächte vorgesehen. Von diesen zweigen auch die Kanäle nach anderen Richtungen ab (Verteilungskanäle).

b) Bauart.

α) *Größe.*

Die Kabelschächte werden rechteckig aus Mauerwerk hergestellt.

Ihre Größe richtet sich nach der Größe des Formstückes und damit der in den Schächten unterzubringenden Kabel und Lötstellen.

Der Kabelschacht muß so tief sein, daß an den Kabeln bequem gearbeitet werden kann und Kabel und Lötstellen gesichert liegen.

Die Grube für den Schacht wird gleichzeitig mit dem Kanalgraben ausgehoben. Der Aufbau der Kabelschächte wird zweckmäßig von Facharbeitern ausgeführt.

β) *Sohle.*

Die Schachtsohle wird aus einer doppelten Lage von Mauersteinen mit versetzten Fugen in Zementmörtel hergestellt und erhält nach der Mitte oder einer Seite zu ein leichtes Gefälle, damit sich das in den Schacht gelangte Wasser dort sammeln kann (Bild 111).

γ) *Wände.*

Die Schachtwände müssen den Belastungen durch den Straßenverkehr und dem Druck der Erde gewachsen sein. Ihre Stärke beträgt in Gehwegen 25 cm (= eine Ziegelsteinlänge), in Fahrwegen 38 cm (= 1½ Ziegelsteinlängen). Sie werden aus vorher gewässerten und gut gereinigten Hartbrandmauersteinen in regelrechtem Verbande mit Zementmörtel aufgemauert. Die Kabelformstücke oder Rohre enden bereits vor der inneren Schachtwand, damit die Kabel beim Lagern nicht beschädigt werden. Der Erdboden um die Schachtwände wird sogleich bei ihrem Aufbau eingebracht und festgestampft oder eingeschlämmt.

δ) *Decke.*

Die Schachtdecke wird mit einem Trägerrahmen aus I-Formstahl hergestellt, der vor dem Einbau mit Mennige und nachher mit Rostschutzfarbe gestrichen wird (siehe Bild 111).

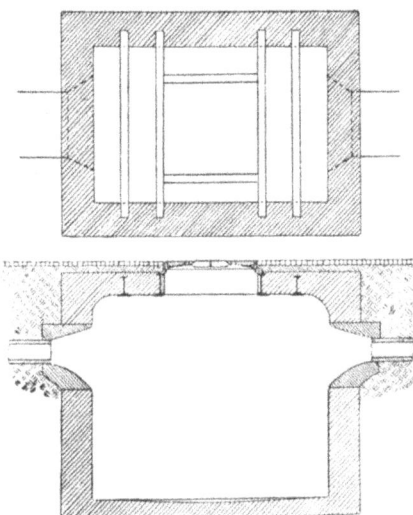

Bild 111. Kabelschacht.

Sie wird gemauert und von außen dick mit Zementmörtel verputzt und innen gut ausgefugt, damit kein Wasser eindringen kann.

ε) *Einsteigöffnung.*

In der Mitte läßt sie eine Einsteigöffnung frei, die mit einer gußeisernen Abdeckung verschlossen wird. Sie besteht aus einem Rahmen und einem Deckel (Bild 112). Ihre Füllräume können

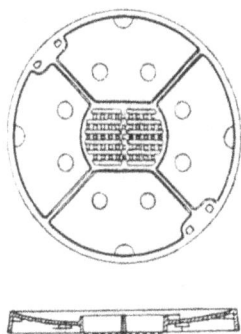

Bild 112. Schachtabdeckung.

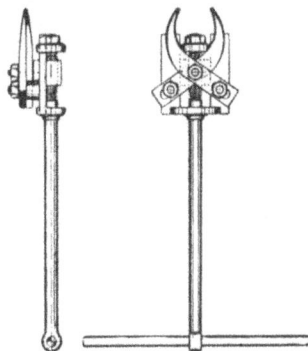

Bild 113. Deckelheber.

mit den gleichen Stoffen versehen werden, aus denen die Wege-
decke besteht. Gewöhnlich werden sie mit Asphalt ausgegossen.
Schlitze im Deckel entlüften die Kanäle dauernd und befreien
sie von eingedrungenem Gas, lassen aber auch Wasser und Schmutz
hindurch. Daher wird an dem Deckelrahmen eine Schale aufgehängt. Die Deckel werden mit Hebern abgenommen, die die
Form von Zangen (Bild 113), Haken, Klauen usw. haben.

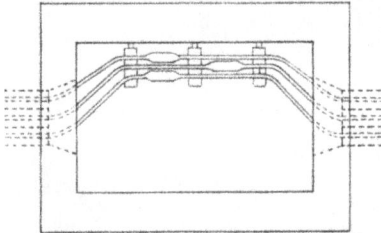

Bild 114. Lagerung der Kabel.

ζ) *Kabelhalter.*

Die Lötstellen wer-
den an einer Längswand
auf Kabelhaltern gela·
gert (Bild 114), die von
der Schachtwand ge·
tragen werden. Ein
Kabelhalter (Bild 115)
besteht aus Flachstahl
und besitzt ein breites
Auflageblech, das an

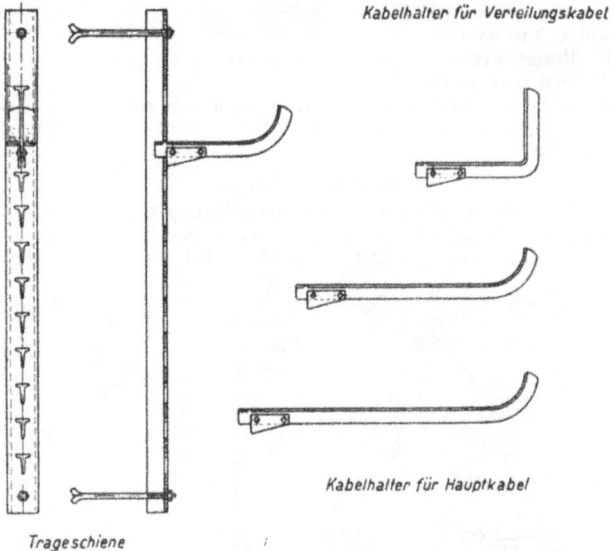

Kabelhalter für Verteilungskabel

Kabelhalter für Hauptkabel

Trageschiene

Bild 115. Kabelhalter.

den Enden etwas hochgebogen ist, damit die Kabel nicht hinab·
gleiten können.

η) Abdichtungen.

Alle Kanalzüge am Anfang und Ende einer Anlage sowie einer abzweigenden Strecke werden gegen Gas und Wasserzudrang abgedichtet, damit der Übertritt in die Gebäude oder von einem Kanal in den anderen verhütet wird. Zu diesem Zwecke werden Abdichtschalen mit Abdichtmasse einige Zentimeter tief in die Kabelzüge gesetzt.

3. Abzweigkasten.

In den Verteilungskanälen liegen Abzweigkasten für die Abzweigungen zu den anzuschließenden Stellen.

Sie werden aus Beton gefertigt (Bild 116). In den Querwänden befinden sich Aussparungen (*a*) zum Einführen der Verteilungskanäle. Eine der Längswände besitzt eine Öffnung (*b*) für den abzweigenden Kanal. Der obere Rand trägt eine Flachstahlzarge, der Betondeckel eine Einfassung aus Bandstahl. Gußtüllen im Deckel dienen zum Entlüften des Abzweigkastens.

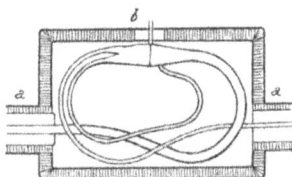

Bild 116. Abzweigkasten.

Die Verbindungen zwischen den Abzweigkasten und den eingeführten Kanälen werden sorgfältig gedichtet und verputzt.

4. Abzweigkanal.

Der Abzweigkanal besteht aus Kabelformstücken oder Kabelschutzrohren.

a) Kabelformstück.

Das Kabelformstück besitzt einen Zug von 40 mm lichter Weite. Seine Bodenwand enthält zwei Rundstahleinlagen.

Die beiden Stahlstäbe ragen aus der einen Querseite heraus. Auf der anderen Seite befinden sich zwei Löcher, in die die Rundstahleinlagen des nächsten Formstückes greifen. Die Formstücke haben außerdem Nut und Falz. Ihre Stoßfugen werden wie bei Hauptkanälen abgedichtet.

b) Kabelschutzrohr.

Die stählernen Muffenrohre entsprechen den Kabelschutzrohren der Hauptkanäle (s. S. 103). Ihre Verbindungen untereinander werden gas- und wasserdicht ausgeführt.

5. Einführung.

Der unbenutzte Raum des Durchbruches in einer Gebäudegrundmauer wird mit Zementmörtel gasdicht ausgefüllt. Die Ränder an der Außen- und Innenwand der Grundmauer sind nach Anfeuchtung mit Zementmörtel glatt zu verputzen.

6. Einziehen der Kabel.

Muß ein Kabel erst längere Zeit nach der Herstellung des Kanals eingezogen werden, so wird die Kanal vorher noch einmal ausgeputzt. Hierzu wird die beim Aufbau des Kanals benutzte Bürste (s. Bild 109 auf S. 105) verwendet. Sie wird zwischen dem Ziehdraht oder dem Schiebegestänge und dem Zugseil eingeschaltet.

Vor dem Betreten müssen die Kabelschächte auf gefährliche Gase geprüft werden. Dies geschieht mit einer Fleißner-Lampe, die leichte und schwere Gase anzeigt, ehe sie zu Explosionen oder Erkrankungen führen. Diese Lampe gibt neben einem sichtbaren Zeichen der Flamme noch ein hörbares Warnungszeichen.

Die mit dem Einziehen der unbewehrten Bleirohrkabel beschäftigten Monteure müssen sich gegen die Gefahr einer Bleivergiftung durch große Sauberkeit schützen. Vor jeder Mahlzeit müssen die Hände mit Bleischutzseife und Bürste gereinigt werden. Rauchen, Schnupfen oder Tabakkauen während der Arbeit ist gesundheitsschädlich.

a) Ziehdrähte.

Für das Einziehen der Kabel können bei der Herstellung der Kanäle (s. S. 104) Ziehdrähte aus 4 bis 5 mm dickem, verzinktem Stahldraht eingelegt werden. Sie werden mit dem Richtdorn (s. Bild 109 auf S. 105) durch die Rohre gezogen.

b) Schiebegestänge.

Ist beim Aufbau des Kabelkanals kein Ziehdraht vorgesehen worden, so muß ein Schiebegestänge (Bild 117) verwendet werden.

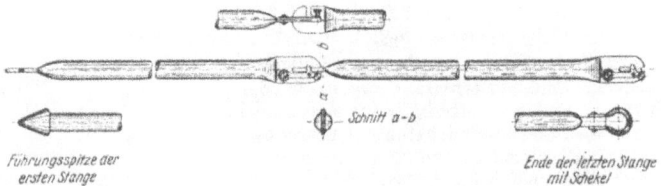

Bild 117. Schiebegestänge.

Dieses Gestänge besteht aus 1 m langen Stahlrohren. Es wird in den Kabelschächten zusammengesetzt und durch die Öffnungen bis zum nächsten Schacht geschoben.

c) Zugseile.

Der Ziehdraht oder das Schiebegestänge dienen zum Einziehen eines dünnen Zugseiles, mit dem dann das eigentliche Zugseil und darauf das Kabel eingezogen wird. Dieses Zugseil besteht aus einem

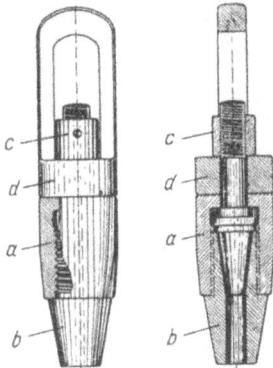

Drahtseil und besitzt zur Befestigung mit dem Kabel Birne und Schäkel. Die Birne (*a*) (Bild 118) ist auf eine konische Hülse (*b*) geschraubt, die auf das Seilende geschweißt ist. Der Stollen (*c*) der Birne (*a*) trägt drehbar die Grundplatte des Schäkels (*d*), in den der Schäkel für das Kabelseil (Bild 119) gehängt wird.

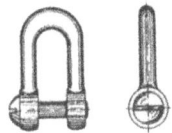

Bild 118. Birne.

Bild 119. Schäkel.

d) Winde.

Die beiden Zugseile werden mit einer leichten Winde eingezogen und das dicke Drahtseil darauf mit seinem einen Ende mit der Trommel einer Kabelhandwinde (Bild 120), mit dem anderen Ende über einen Ziehstrumpf (Bild 121) mit dem Kabel verbunden.

Bild 120. Kabelhandwinde.

Bild 121. Ziehstrumpf.

Der Ziehstrumpf wird möglichst so weit über das Kabel gezogen, daß 10 cm vom Kabelende frei bleiben, damit außer dem Kabelmantel auch die Adern einen Teil der Zugkraft aufnehmen. Zur Verbindung des Strumpfes mit dem Zugseil wird ein Schäkel zwischen die Ösen des Strumpfes und dem Schäkel des Seiles gebracht. Das andere Ende des Strumpfes wird mit Draht am Kabel festgebunden.

e) Aufstellen.

α) Der Kabelwinde.

Die Winde wird in gerader Linie mit dem Kabelzuge hinter dem Schacht aufgestellt. Sie muß vollkommen feststehen.

β) Der Kabeltrommel.

Die Kabeltrommel wird so aufgebockt, daß das Kabel nicht gefährdet und der Verkehr nicht behindert wird. Sie kommt unmittelbar an der Einsteigöffnung auf der Seite der Öffnung zu stehen, nach der das Kabel eingezogen werden soll (Bild 122). Das Kabel wird von der Trommel zum Schacht geführt und gleitet mit seiner durch das Auftrommeln entstandenen Biegung in den Kanal. Bei flachen Schächten kann das Kabel von der entgegengesetzten Seite des Schachtes eingezogen werden, wenn die Einsteigöffnung groß genug ist.

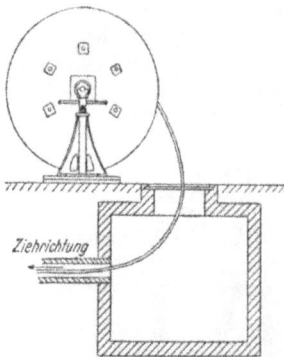

Bild 122. Aufstellung der Kabeltrommel.

f) Einbau von Rollen.

Beim Einziehen des Kabels müssen Reibungen zwischen dem Zugseil oder dem Kabel und den Rändern der Kanalrohre oder Schächte vermieden werden. Seile und Kabel werden daher von Rollen geführt, die in den Kanalschächten angebracht werden. Die Kehlung der Rollen entspricht dem Umfang des einzuziehenden Kabels. Die Rollen haben zwei Formen: Gleit- und Packrollen.

α) Gleitrollen.

Die Gleitrollen sitzen entweder auf einer starren Welle oder auf einem Spannstock.

Die starre Welle (Bild 123) wird an ihrem einen Ende von verstellbaren Schellen eines Stahlwinkels gehalten und mit deren Schraubenspindeln in den Schacht eingebaut. Die Fußplatten der Schrauben sorgen für eine feste Auflage.

Der Spannstock (Bild 124) kann ohne weiteres in beliebiger Stellung im Schacht angebracht werden. Die Gleitrolle ist auf der

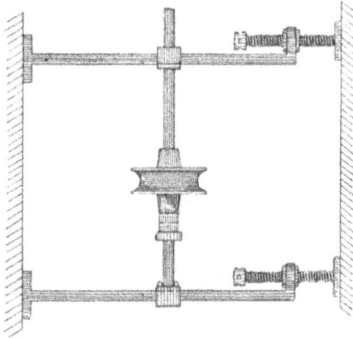

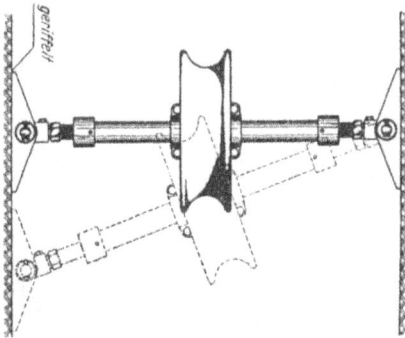

Bild 124. Spannstock mit Gleitrolle.

Welle verschiebbar und läßt sich mit ihren beiden Stellringen festlegen.

β) *Packrolle.*

Die Packrolle (Bild 125) besitzt eine viereckige Fußplatte und wird oben an der Schachtöffnung aufgestellt, damit sich das Zugseil am Schachtrand nicht reibt. Teilweise kann sie auch im Schacht die Gleitrollen ersetzen oder ergänzen.

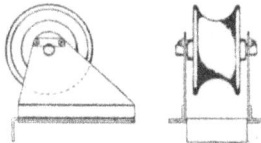

Bild 125. Packrolle.

IV. Verbindungen und Verzweigungen.

Die Verbindung zweier Kabel miteinander oder die Verzweigung eines dickeren Kabels in mehrere dünnere erfolgt in einer Kabelmuffe, die die Spleißstelle gegen Beschädigungen und gegen die Einwirkungen der Luft und der Feuchtigkeit schützt.

Über die zu verbindenden Kabel wird ein „Lötzelt" (Bild 126) aufgestellt, das gegen Regen und Feuchtigkeit undurchlässig ist.

Während der Verbindungsarbeit wird ein Feuer aus Holzkohlenbriketts in einem Ofen unterhalten, damit die Spleißstelle möglichst keine Luftfeuchtigkeit annimmt.

Das Lötzelt muß für den Abzug des Kohlendunstes und der heißen, feuchten Luft genügend gelüftet sein.

Bild 126. Lötzelt.

Die Spleißstellen in Kabeln mit Papier- und Faserstoffisolierung erfordern eine andere Behandlung wie Gummikabel.

Bei Kabeln mit hohler Papierisolation und mehr als 50 Doppeladern ist es mitunter erwünscht, mit Druckluft die Dichtigkeit der Bleimäntel und -muffen zu prüfen oder durch spätere Undichtigkeiten eingedrungene Feuchtigkeit zu beseitigen. In diesen Kabeln müssen daher die Verbindungs- und Verzweigungsstellen für Druckluft durchlässig bleiben. Anderseits kann es erforderlich werden, diese Stellen in Kabelschächten mit Wasserzudrang oder in sehr nassem Gelände gegen das Eindringen von Feuchtigkeit besonders zu schützen.

A. Muffen.

Dementsprechend gibt es zwei Arten von Verbindungs- und Verzweigungsmuffen.

1. Aus Blei.

a) Verbindungsmuffen.

Die Bleimuffen sind walzenförmig und an jedem Ende flaschenförmig verengt. So bieten sie in der Mitte der Verbindungsstelle genügend Raum und umschließen an den Enden die Bleimäntel der Kabel möglichst eng. Die Muffenränder sind verzinnt, um das

Verlöten der Muffenteile untereinander und mit den Kabelmänteln zu erleichtern.

Die Muffen werden zweiteilig (Bild 127) oder längsgeschlitzt (Bild 128) verwendet.

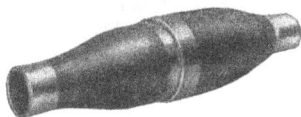

Bild 127. Zweiteilige Verbindungsmuffe.

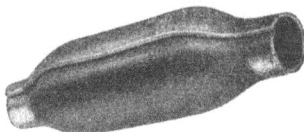

Bild 128. Längsgeschlitzte Verbindungsmuffe.

Für dünne Kabel mit geringer Adernzahl bestehen die Muffen aus einfachen Bleiröhrchen. Auch hier sind die Muffenränder verzinnt. Muffen dieser Art können für Kabel mit einem Durchmesser bis zu 25 mm leicht selbst aus Bleimänteln von Kabelresten hergestellt werden. Sie werden einteilig und nahtlos oder mit Längsnaht angefertigt. Die nahtlose Muffe wird durch zwei Rundwülste verlötet. Die längsgeschlitzte wird aus dem Blei zugeschnitten und durch Hämmern mit einem Holzhammer in die gewünschte Form gebracht. Die Ränder müssen am Schlitz etwa 2 cm übereinandergreifen und für die Verlötung innen und außen gut verzinnt sein.

b) Verzweigungsmuffen.

Die Verzweigungsmuffen (Bild 129) sind zweiteilig. Für jedes Verzweigungskabel ist ein Muffenhals vorgesehen. Die Muffenhälse sind durch Stege miteinander verbunden. Im übrigen ist der Aufbau der gleiche wie bei den zweiteiligen Verbindungsmuffen.

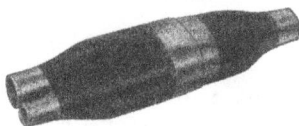

Bild 129. Zweiteilige Verzweigungsmuffe.

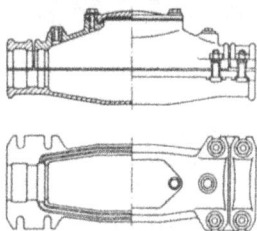

Bild 130. Verbindungsmuffe aus Gußeisen.

2. Aus Gußeisen.

Die gußeisernen Muffen (Bild 130) bestehen aus einem Ober- und Unterteil. Der als Flansch ausgebildete Rand des Muffenunterteiles enthält in einer Nut eine Schnur aus geteerter Jute, die beim Aufsetzen des Oberteiles von dessen entsprechend wulstig geformten Rand zusammengepreßt wird und so eine gute Dichtung bildet. Die Befestigung des Oberteiles auf dem Unterteil erfolgt mit Schrauben und Muttern. Zum Vergießen des Muffeninnern besitzt der Oberteil verschraubbare Deckelöffnungen.

B. Zurichten der Kabelenden.

Damit die Spleißstelle nicht zu dick wird, müssen die Verbindungen der einzelnen Adern versetzt werden. Die Kabelenden werden daher mit einer Metallsäge so weit abgeschnitten, daß sie nebeneinander liegend die Länge der Muffe ausfüllen.

Die weiteren Arbeitsgänge richten sich nach der Art der Kabel (bewehrt oder unbewehrt) und der Muffe (Blei oder Gußeisen).

1. Bewehrung.

a) Bleimuffe.

Bei bewehrten Erdkabeln wird zunächst die Bewehrung vor dem Muffenhals und nochmals 50 cm davon mit einem 4 cm breiten Bund aus 2 mm dickem Stahldraht versehen und dann hart am äußeren Bund abgefeilt und mit der darunter befindlichen Papier- und Jutelage entfernt.

b) Gußeisenmuffe.

Die Kabelenden werden nebeneinander auf die untere Muffenhälfte gelegt und die Bewehrung an den Stellen, wo sich die Muffenschellen befinden, mit 2 mm dickem Eisendraht 4 cm breit abgebunden und hart am Bund abgefeilt und mit der darunter liegenden Papier- und Jutelage entfernt. Im Abstand von 50 cm wird ein zweiter Bund angelegt.

2. Bleimantel.

a) Bleimuffe.

Die Muffe muß die Spleißstelle völlig bedecken und an beiden Enden den Bleimantel noch ungefähr 3 bis 4 cm umfassen. Zweiteilige Muffen müssen ebenso tief ineinanderstecken. Der Abstand zwischen den Enden der Bleimäntel der Kabel muß also genau bemessen werden. Die Bleimäntel werden an diesen Stellen gekennzeichnet und mit dem Kabelmesser vorsichtig eingeschnitten, einige Male hin- und hergebogen, bis sie abbrechen, und abgezogen. Das freigelegte Nesselband oder Papier wird abgewickelt und 1 cm vor dem Ende des Bleimantels abgeschnitten.

b) Gußeisenmuffe.

Die Bleimäntel müssen in den Spleißraum der Muffe ragen. Sie werden an diesen Stellen bezeichnet. Ihre Entfernung erfolgt in gleicher Weise wie beim Gebrauch der Bleimuffen.

3. Abbrühen der Adern in Kabeln mit Papier- und Faserstoffisolierung.

Es werden nur die Adern der Kabel abgebrüht, die gegen Feuchtigkeit in gußeisernen Muffen geschützt werden sollen.

Die Abbrühmasse (Masse D VDE 0351/1927) hat eine Verarbeitungstemperatur von 120°. Bei ihrer Benutzung muß die Farbe der Papierisolierung erkennbar bleiben.

Die Masse wird in Tiegeln mit flachem Boden anfangs schwach, später stärker erhitzt. Ihre Temperatur ist dauernd mit einem geprüften Tauchthermometer zu messen. Zur Vermeidung von Unglücksfällen sind die Tiegel mit heißer Abbrühmasse stets mit abgestrecktem Arm möglichst entfernt vom Körper zu tragen und vorsichtig weiterzureichen. Das Adernbündel wird vom Bleimantel ab mehrmals übergossen. Verkohlte Teile, die sich am Boden des Tiegels niedergesetzt haben, müssen zurückgelassen werden. Die abfließende Masse wird in einer Schale aufgefangen und wieder in den Tiegel gegossen. Das Abbrühen muß so lange wiederholt werden, bis sich am Adernbündel oder auf der aufgefangenen Masse keine Schaumbläschen mehr zeigen, die von der Feuchtigkeit im Kabel herrühren. Diese Schaumbläschen dürfen nicht mit den Luftbläschen verwechselt werden, die die Masse beim Abfließen aufnimmt.

C. Spleißstelle.

Die zu verbindenden Kabelenden werden, nachdem die einteilige Muffe auf das eine Ende oder bei Verwendung von zweiteiligen Bleimuffen die Muffenteile auf beide Enden aufgesteckt worden sind, auf einem Gestell befestigt, um die Verbindungsarbeit leicht und sicher ausführen zu können. Die Adern werden lagenweise abgebunden, zurückgeschlagen und mit Nesselband umwunden.

1. APM, ALPM, APBM, ALPBM.

a) Verbinden der Adern.

Mit den Verbindungen wird von der innersten Lage aus begonnen, und zwar in jeder Lage mit der Zählader oder dem Zähladernpaar. Liegen die Zähladern der beiden Kabel nicht einander gegenüber, so werden die Kabelenden möglichst soweit gedreht, daß diese Adern wenigstens annähernd die richtige Lage zueinander bekommen. Jede Adernlage erhält dann beim Verspleißen einen gewissen Drall.

Zur Herstellung der Verbindung wird die Ader des einen Kabelendes neben die des anderen gelegt und auf der Papier- oder Faserstoffhülle beider Adern die Verbindungsstelle gekennzeichnet. Darauf wird auf

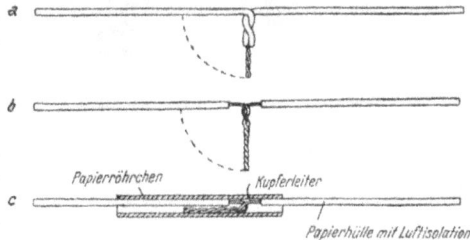

Bild 131. Würgeverbindung.

die eine Ader ein in Paraffin getränktes Papierröhrchen gebracht und beide Adern an der bezeichneten Stelle rechtwinklig um-

gebogen und in 1 bis 2 Windungen zusammengedreht (Bild 131, a).
Dann werden die freien Aderenden von der Isolierung befreit und
gereinigt bzw. vom Lack befreit, mit der Hand lose verseilt und
auf 3 cm gekürzt. Die Spitze wird mit der Zange fest verwürgt
(Bild 131, b). Die Verbindung wird an die Ader herangebogen
und das Papierröhrchen darübergeschoben (Bild 131, c). Die Röhr-
chen müssen trocken aufbewahrt werden, da das Paraffin das Eindringen von Feuchtigkeit nicht ausschließt.

Bei 0,8 dicken Doppeladern mit doppelter Umspinnung aus
besonders starkem Papier kann die Spleißstelle zu dick werden,
wenn die Umspinnung anfangs mit verseilt wird. Sie wird daher
bei solchen Kabeln schon vorher entfernt, nachdem sie abgebunden ist.

Die Verbindungen werden möglichst gleichmäßig auf die ganze
Länge der Spleißstelle verteilt. Die Würgestellen der Adern des-
selben Paares werden einander gegenüber angeordnet, damit sie
später als zusammengehörig erkannt werden können.

Die Spitzen der 0,9 bis 1,5 mm dicken Kabeladern werden mit
dem Lötkolben und mit Röhrenlötzinn verlötet und müssen metallisch vollständig rein sein. Die Kolbenspitze wird der Würgestelle dicht genähert, mit dem Röhrenlötzinn berührt und, ehe
das Kolophonium verdampft, an die Lötstelle gehalten. Das ge-
schmolzene Zinn leitet die Wärme vom Kolben rasch auf die Würgestelle über, die nun mit dem Röhrenlötzinn an der dem Lötkolben
entgegengesetzten Seite berührt wird und es sofort zum Schmelzen
bringt.

b) Behandlung der Spleißstelle.

α) Bewickeln.

Wenn sämtliche Adern verbunden sind, wird die Spleißstelle
mit einem getrockneten Nesselband umwickelt, damit sich die
Papierröhrchen nicht verschieben.

Kabeladern   Bleimuffe   Nesselband

Bild 132. Spleißstelle in einer Verzweigungsmuffe.

Bei der Aufteilung des Kabels in mehrere Kabel werden die
Adern entsprechend den Verzweigungen übersichtlich getrennt
und die Spleißstellen der einzelnen Teilkabel bewickelt (Bild 132).

β) Trocknen.

Spleißstellen, die in Bleimuffen untergebracht werden sollen,
werden einige Zeit auf einem besonderen Ofen (Bild 133) getrocknet,
um etwa noch vorhandene Feuchtigkeit auszutreiben. Der Ofen
wird mit Holzkohlenbriketts geheizt. Er besitzt 4 Abteilungen:

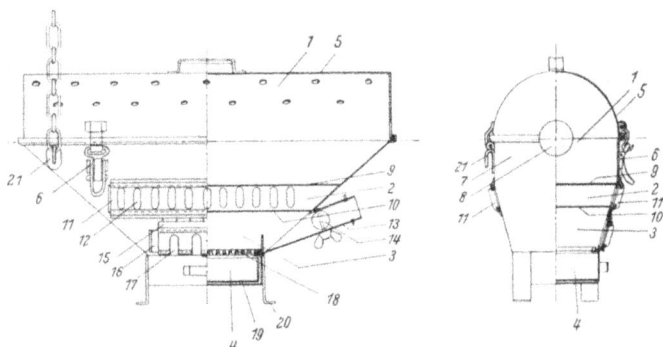

Bild 133. Löt- und Trockenofen.

eine Trockenkammer (*1*),
eine Mischkammer (*2*),
eine Heizkammer (*3*) und
einen Aschenfallraum (*4*).

Zum Einlegen der Spleißstellen läßt sich der halbzylindrisch geformte und mit Entlüftungsöffnungen versehene Deckel (*5*) nach Lösung des an der Außenwand befindlichen Klappverschlusses (*6*) abheben. Sowohl der Deckel als auch die Trockenkammer besitzen an den Stirnseiten (*7*) Öffnungen (*8*) für das Kabel. Zwischen Trocken- und Heizkammer wird durch zwei Trennwände (*9*) und (*10*) die Mischkammer (*2*) gebildet. Mit den an den Längswänden befindlichen Schiebern (*11*) lassen sich die Lochschlitze (*12*) verstellen und damit die Temperatur in der Trockenkammer (*1*) in weiten Grenzen regeln, ohne daß es nötig ist, die Heizung selbst zu ändern.

Die Heizkammer (*3*) hat an einer Querseite einen Anschlußstutzen (*13*) für den Rauchabzugschlauch. In diesem Stutzen ist eine Zugregulierklappe (*14*) eingebaut. An der Vorderseite der Heizkammer (*3*) befindet sich die Feuerungseinfüllklappe (*15*), die mit mehreren durch einen Schieber (*16*) verstellbaren Luftschlitzen (*17*) versehen ist. Die Schlitze sind unten offen, so daß auch bei geschlossener Klappe Lötkolben eingelegt werden können. Der Boden der Heizkammer (*3*) besteht aus einem normalen Rost (*18*). Unter dem Rost sitzt der herausnehmbare Aschenfallkasten (*19*). Der Ofen kann auf vier Füße (*20*) gestellt oder an vier Haken (*21*) aufgehängt werden.

Damit sich beim Trocknen keine Feuchtigkeit innen an den kalten Bleimänteln niederschlägt, werden zunächst die Bleimäntel erwärmt und dann die Spleißstelle in die Trockenkammer gebracht.

γ) Abdichten.

Soll die Spleißstelle gegen das Eindringen von Feuchtigkeit geschützt werden, dabei aber doch für Druckluft durchlässig bleiben, so wird nach dem Trocknen mit einer doppelten Lage 50 mm breiten Nesselbandes, einer einfachen Lage 25 mm breiten, 0,4 mm dicken unvulkanisierten Gummibandes (Anthygronband) und einer weiteren doppelten Lage Nesselband bewickelt. Die erste Nesselbandumwicklung greift etwa 1 cm auf die in die Muffe ragenden Bleimantelenden über. Die anderen beiden Umwicklungen reichen um je einen weiteren Zentimeter über die vorhergehende Wicklung hinaus. Die einzelnen Windungen müssen mit halber Handbreite überlappen.

δ) Abbrühen.

Spleißstellen für auszugießende gußeiserne Muffen werden in gleicher Weise wie die in ihnen verbundenen Kabeladern mit Masse D abgebrüht.

2. AGM.

Die zu verbindenden Aderenden werden 80 mm von der Bespinnung bzw. Bewicklung und 40 mm von der Gummihülle befreit. Die freigelegten Gummihüllen werden mit Benzin gereinigt. Nachdem die Adern mit Schmirgelleinen blank gemacht worden sind, werden sie in 4 Windungen miteinander verseilt und verlötet. Die Verbindung wird an die Ader herangebogen und diese Stelle mit unvulkanisiertem Gummiband (Anthygronband) von etwa 15 mm Breite umwickelt, das vor seiner Verwendung ½ Minute in Benzin gelegt worden ist, damit es an der Oberfläche weich und klebrig wird. Das Bewickeln geschieht in schraubenförmigen überlappenden Windungen. Das Gummiband muß zu beiden Seiten der Verbindungsstellen noch 15 mm auf die Gummihülle der Adern übergreifen und wird von allen Seiten sorgfältig angedrückt und geglättet, wobei die Finger andauernd mit Benzin befeuchtet werden, damit sich die Überlappungen untereinander und die Enden des Bandes zu beiden Seiten mit den Gummihüllen der Adern fest verbinden. Die Verbindungsstellen können zum weiteren Schutz noch mit Isolierband bewickelt werden.

D. Verlöten der Bleimuffe.

1. Vorsichtsmaßregeln.

Lötarbeiten dürfen nur von Monteuren ausgeführt werden, die damit vollkommen vertraut sind. Bei Bleilötungen entsteht Bleirauch (Bleioxydnebel). Daher darf der Monteur mit Mund und Nase nicht näher als unbedingt nötig an die Lötflamme kommen und sich nicht in die Richtung des abziehenden Bleirauches stellen. Beim Reinigen der Bleilötfläche muß mit der Drahtbürste vom Körper weg gebürstet werden. Wegen des weiteren Schutzes gegen Bleivergiftungen s. unter Einziehen der Kabel auf S. 110.

2. Benzinlötlampe.

Zur Herstellung des Verschlusses ist eine Benzinlötlampe (Bild 134) erforderlich. Sie besteht aus einem Behälter und dem Brenner.

Der Behälter faßt etwa 0,25 Liter. Je ein Sicherheitsstift ist im Boden mit Hartlot und im Deckel mit Weichlot eingesetzt und wird vor der Zerstörung des Behälters durch zu hohen Gasdruck herausgetrieben. Der Behälterdeckel ist als Vorwärmeschale ausgearbeitet.

Der Brenner besitzt gerade Kanäle und einen Gazewickel zur Reinigung des Brennstoffes. Der Doch bedeckt den Behälterboden voll und ist im Brenner eingesetzt. Der Regler ist im Brenner eingeschraubt. Ebenso ist die Düse mit Gewinde versehen und auswechselbar.

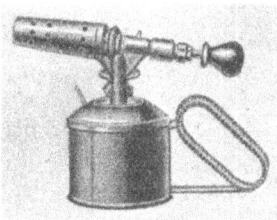

Die Lötlampe ist stets außerhalb des Zeltes in Betrieb zu

Bild 134. Benzin-Lötlampe.

setzen. Nach dem Einfüllen von Leichtbenzin (nicht über 0,73 g spezifisches Gewicht) wird die Füllverschraubung und die Reglerspindel fest zugedreht und Spiritus in die Vorwärmeschale gegossen und entzündet. Statt des Spiritus darf nicht etwa Benzin oder Benzol genommen werden. Ebensowenig darf die Lötlampe nicht über Schmiede- oder einem anderen Feuer vorgewärmt werden. Sobald der Spiritus nahezu verbrannt ist, wird der Regler aufgedreht. Die austretenden Dämpfe setzen sich an den noch flackernden Flammen der Vorwärmeflüssigkeit in Brand. Brennt die Vorwärmeflüssigkeit nicht mehr, so werden die Gase mit einem Streichholz vorn an der Unterkante des Brennrohres angesteckt. Beim Brennen reguliert sich der Druck selbsttätig durch Erwärmung des Behälters.

Nach beendeter Arbeit wird die Reglerspindel zugedreht.

Der Brennerteil mit sämtlichen Kanälen muß nach längerer Benutzung gereinigt und nötigenfalls der Gazewickel erneuert werden.

Ist die Düsenöffnung verstopft, so wird eine Reinigungsnadel, die für die Düse genau passend geliefert wird, vorsichtig mit der Hand in die Düsenöffnung geführt, ohne die Öffnung zu vergrößern. Besitzt die Lötlampe eine mechanische Düsenreinigung, die durch die Hin- und Herbewegung einer Nadel in horizontaler Richtung mittels eines Reglers oder Hebels erfolgt, so braucht zur Beseitigung der Verstopfung nur dieser Mechanismus mit der Hand betätigt werden.

Vor der Ingebrauchnahme muß die Lötlampe geprüft werden. Die Füllverschraubung und die Füllbuchse des Reglers müssen dicht sein.

Lötlampen dürfen niemals in der Nähe eines Feuers oder eines heißen Lötkolbens mit Benzin oder Spiritus gefüllt werden. Ebenso ist das Nachfüllen von Lampen, die noch brennen oder deren Brandrohr noch glüht, gefährlich. Beim Einfüllen muß das Übergießen vermieden werden. Verschütteter Brennstoff ist vor dem Anzünden einer Flamme gründlich aufzutrocknen.

Stets ist beim Arbeiten mit der Lötlampe eine Asbestdecke oder ein Gefäß mit Sand zum Löschen bereit zu halten. Das Brandrohr darf nicht auf Personen und brenn- oder schmelzbare Gegenstände gerichtet werden.

Abgenutzte oder beschädigte Lötlampen sind nicht zu gebrauchen. Undichte Stellen am Brennstoffbehälter dürfen nicht gelötet werden.

3. Lötung.

Der Bleimantel wird an den Stellen, wo er mit der Muffe verlötet werden soll, mit einer Drahtbürste blank gekratzt und darau mit einem Messer behutsam blank geschabt. Auch die Verzinnung der Bleimuffen muß vollkommen blank sein. Nachdem die Muffe gleichmäßig über die Spleißstelle gebracht worden ist, werden die Hälse mit den Bleimänteln sowie die übereinander greifenden Hälften mit Hilfe eines Holzhammers vorsichtig fest zusammengeklopft. Die blanken Flächen der Bleimäntel und der Muffe werden nun mit angewärmtem reinem Rindertalg bestrichen und der Bleimantel mit Stangenlötzinn verzinnt.

Das Stangenlötzinn wird mit der Lötlampe geschmolzen und auf den Bleimantel tropfen gelassen, wo es mit einem mehrfach zusammengelegten und mit Talg getränkten Leinenlappen von feinem Gewebe verstrichen und in die Fuge zwischen Muffenhals und Bleimantel gedrückt wird. Über diese Lötnaht wird ein gleichmäßig gewölbter Wulst (Plombe) gelegt. Darauf werden in gleicher Weise auch die Muffenhälse miteinander verbunden. In beiden Fällen wird das Lötzinn nur soweit verstrichen, als es für die Lötnaht nötig ist. Es muß vor allen Dingen die Fugen zuverlässig dichten, aber der Verbindungsstelle auch die nötige mechanische Festigkeit geben.

Vor dem Erkalten werden die Lötstellen mit Talg bestrichen, um ihre Oberfläche zu reinigen und Unregelmäßigkeiten und Undichtigkeiten besser erkennen zu können. Zur Beobachtung der Unterseite bedient man sich eines Spiegels. Nach dem vollständigen Erkalten wird das Kabel mit der Lötstelle in die endgültige Lage gebracht.

Verzweigungsmuffen müssen beim Verlöten vorsichtig behandelt werden, damit die Stege zwischen den Muffenstangen nicht brechen.

4. Schutzmuffen.

Bleimuffen in Erdkabeln werden gegen mechanische Beschädigungen durch gußeiserne Muffen (Bild 135) geschützt. Der äußere Drahtbund der Bewehrung (s. S. 116) kommt unter den Schellen zu liegen und wird nötigenfalls verstärkt, damit sich der Zug des Kabels nicht auf die Bleimuffe übertragen kann.

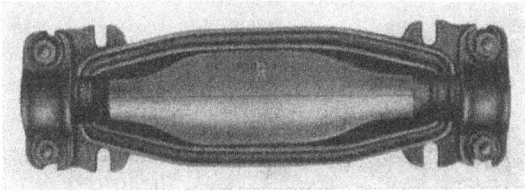

Bild 135. Gußeiserne Schutzmuffe für Verbindungsmuffen aus Walzblei.

E. Gebrauch der Gußeisenmuffe.

1. Anlegen.

Die Kabel müssen durch die seitlichen Halbschellen unwandelbar festgehalten werden, um jeglichen Zug der Kabel auf die Muffe fernzuhalten. Nötigenfalls werden die äußeren Bunde der bewehrten oder die Bleimäntel der unbewehrten Kabel entsprechend verstärkt. Die untere Muffenhälfte wird so unter die Spleißstelle gebracht, daß diese genau in der Mitte der Muffe zu liegen kommt und später von der Vergußmasse gleichmäßig umgeben wird. In dieser Lage werden die Kabel durch die Halbschellen umschlossen und darauf die obere Muffenhälfte mit der Jutetrense aufgeschraubt.

2. Ausgießen.

Zum Ausgießen der Muffe mit der Vergußmasse C sind sämtliche Verschraubungen der Deckelöffnungen zu öffnen, damit die Luft entweichen kann, und nicht nur die Muffe, sondern auch die Kabelenden mit der Lötlampe gut zu erwärmen. Dadurch dringt die Masse auch in die Kabel. Es ist so lange nachzufüllen, bis sich die Masse nicht mehr senkt. Darauf sind sämtliche Deckelöffnungen wieder zu verschrauben.

V. Abschluß.

A. Allgemeines.

Da das in den Außenkabeln zur Isolierung benutzte Papier leicht Feuchtigkeit aus der Luft annimmt und dadurch an Isolierfähigkeit verliert, müssen diese Kabel luft- und wasserdicht abgeschlossen werden, wenn ihre Adern zum Betriebe, zum Schalten oder zur Untersuchung herausgeführt werden sollen. Dies geschieht bei den über einen Hauptverteiler (s. Teil 1) zum Betriebe einzuführenden vielpaarigen Außenkabeln durch Bleiabschlußmuffen; in den anderen Fällen durch Endverschlüsse. Der luft- und wasserdichte Abschluß wird durch Abbrühen der Kabeladern und Ausgießen der Muffen bzw. Verschlüsse mit den Massen C und D (VDE 0351/1927) erreicht. C ist eine helle Vergußmasse. Ihre Verarbeitungstemperatur beträgt 135⁰. D wird zum Abbrühen von Kabeladern gebraucht und hat eine Verarbeitungstemperatur von 120⁰. Bei der Benutzung beider Massen muß die Farbe der Papierisolierung erkennbar bleiben.

B. Bleiabschlußmuffen.

Die Muffe besteht aus einer Außen- und einer Innenmuffe (Bild 136) und wird oben durch einen Blechdeckel mit Einlaß-

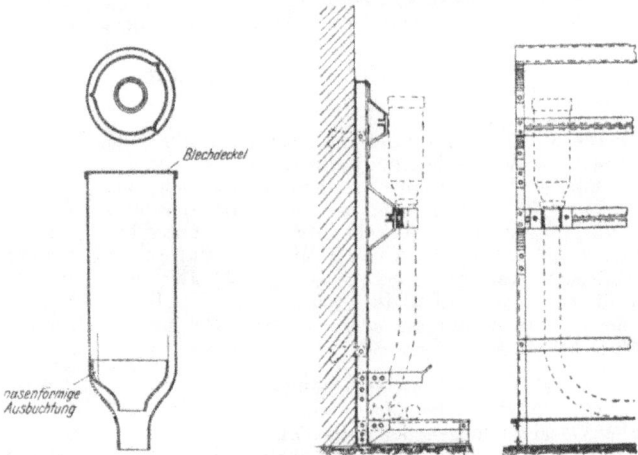

Bild 136. Abschlußmuffe.

Bild 137. Gestell zur Befestigung der Abschlußmuffen.

öffnungen für die Abschluß- und Aufteilungskabel abgeschlossen. Sie wird an einem Eisengestell nahe der Einführung angebracht (Bild 137).

1. Spleißstelle.

a) Zurichten der Kabel.

α) Entmanteln.

Der Bleimantel des Außenkabels muß einige Zentimeter in den trichterförmigen Teil der Innenmuffe, die Mäntel der Abschlußkabel etwas in das Innere der Muffe hineinragen.

β) Abbrühen.

Sogleich nach dem Entfernen des Bleimantels werden die Adern des Außenkabels mit der Masse D abgebrüht (s. S. 123). Die Abschlußkabel (LPM) werden in der Abbrühmasse getränkt, bis sich keine Bläschen mehr bilden, wobei 5 cm der Adernspitzen hiervon frei bleiben. Die Temperatur der Masse muß ständig auf 120⁰ gehalten werden. Nach der Tränkung werden die Adern durch Ausschleudern von überschüssiger Masse befreit.

b) Verbinden der Adern.

Innen- und Außenmuffe werden auf das Außenkabel geschoben und der Blechdeckel auf die Abschlußkabel gesteckt. Die Spleißstelle wird in der gleichen Weise wie für Verzweigungsmuffen (s. S. 117) hergestellt. Das ungetränkte Papier und der Lacküberzug der LPM-Kabel werden von jeder Ader sorgfältig entfernt und die Würgestellen mit den Papierröhrchen so gegeneinander versetzt, daß die einzelnen Spleißstellen Platz in der Muffe finden. Jede Spleißstelle wird mit getränktem Band lose zusammengebunden und mit der Masse D abgebrüht.

2. Verlöten und Ausgießen der Muffe.

Darauf wird die Innenmuffe ohne Wulst an den Außenkabelmantel gelötet und mit der hellen Vergußmasse (C) ausgegossen, wobei das Außenkabel auf 60 cm Länge mit der Lötlampe gut erwärmt wird. Hierbei dringt die Masse auch in das Kabel. Darunter wird das Kabel mit nasser Putzwolle gekühlt. Damit die Masse tatsächlich bis zur gekühlten Stelle kommt, sind der Muffenhals und das Kabel immer wieder anzuwärmen, bis sich die Masse in der Muffe nicht mehr senkt. Bei diesen Arbeiten ist zur Vermeidung von Verbrennungen mit der nötigen Vorsicht zu verfahren.

Zum Schluß wird die Außenmuffe mit dem Abschlußdeckel und dem Außenkabel und der Abschlußdeckel mit den Abschlußkabeln verlötet und die Abschlußmuffe am Gestell befestigt (s. Bild 137).

C. Endverschlüsse.

1. Allgemeines.

Es gibt drei verschiedene Arten von Endverschlüssen:

1. Endverschlüsse, die lediglich zum Abschluß der Kabel dienen,

2. Endverzweiger, in denen das Außenkabel in mehrere einadrige oder paarige Kabel oder Drähte aufgeteilt werden, und

3. Überführungsendverschlüsse, über die ein Kabel Verbindung mit Freileitungen erhält.

Außer dem Abschlußraum, den alle Arten von Endverschlüsse besitzen, haben die Endverzweiger und Überführungsendverschlüsse einen weiteren Raum: den Schaltraum, der bei Überführungsendverschlüssen auch die Spannungs- und Stromsicherungen aufnimmt. Der Abschlußraum ist bei allen Arten von Endverschlüssen durch eine Platte aus Isolierpreßstoff abgeschlossen. In ihn hinein ragen Metallstifte, die an beiden Enden feuerverzinnte Lötösen tragen. Ihr zu Schaltzwecken benutztes Ende wird statt mit Lötösen auch mit Klemmschrauben und Trennvorrichtungen ausgerüstet oder mit den Federsätzen für Sicherungen in Verbindung gebracht.

Zur Einführung der Kabel tragen die Endverschlüsse Lötstutzen für blanke oder Klemmstutzen für bewehrte Kabel.

2. Endverschluß.

Die Endverschlüsse (Bild 138) dienen zum Abschluß von Kabeln und werden in Kabelverzweigern (s. u.) untergebracht. Das Gehäuse besteht aus Grauguß. Unter Zwischenlegen von Gummidichtungen ist auf seine Vorderseite eine Isolierplatte

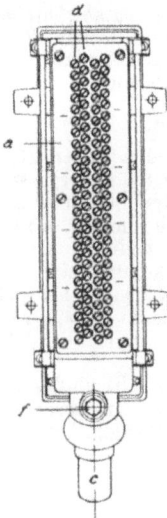

Bild 138. Endverschluß mit Lötstutzen.   Bild 139. Endverschluß mit Klemmstutzen.

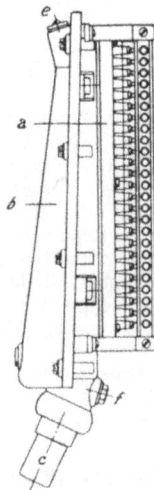

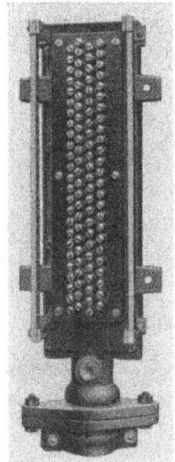

(Anschlußplatte, *a*), auf seine Hinterwand ein Deckel (*b*) luftdicht geschraubt. In seinem Boden ist ein Lötstutzen (*c*) vollkommen dicht eingewalzt und sowohl innen als auch außen feuerverzinnt. In die Anschlußplatte (*a*) sind Anschlußstifte (*d*) gegeneinander versetzt in zwei Doppelreihen eingepreßt.

Der Deckel (*b*) besitzt oben eine Eingußöffnung (*e*) für die Vergußmasse. Die Öffnung (*f*) zum Ablassen der Vergußmasse befindet sich oberhalb des Kabelstutzens. Beide Öffnungen sind durch Schrauben verschlossen. Endverschlüsse für 50 und mehr Adernpaare besitzen im unteren Teil des Deckels noch eine zweite Ablaßöffnung.

An der Vorderseite des Endverschlusses sind zwei Führungsleisten für Schaltdrähte mit Haltewinkeln befestigt.

Für bewehrte Kabel besitzt das Gehäuse einen Klemmstutzen (Bild 139).

a) Kabelverzweiger.

Die Kabelverzweiger bestehen aus einem eisernen Rahmen zur Aufnahme der Endverschlüsse. Der Rahmen ist mit glatten, emaillierten Eisenringen zur Führung der Schaltdrähte versehen und mit einem eisernen Gehäuse umkleidet.

α) In Innenräumen.

Die Kabelverzweiger werden nach Möglichkeit im Innern der Gebäude untergebracht. Ihr Eisengehäuse ist dann einwandig und wird entweder durch Steinschrauben und Muttern mit Unter-

Bild 140. Kabelverzweiger für Innenräume, über Putz.

legscheiben an den Wänden befestigt (Bild 140) oder in die Wände eingelassen (Bild 141 auf S. 128).

β) Im Freien.

Muß der Kabelverzweiger ins Freie gesetzt werden, erhält er ein doppelwandiges Gehäuse mit ebenfalls doppelwandiger Tür (Bild 142). Zur Vermeidung von Kondenswasserbildung im Innern bei starken Temperaturschwankungen wird durch Entlüftungsöffnungen ein allmählicher Ausgleich der Innenluft mit der Außenluft herbeigeführt.

Die Kabelverzweiger werden außen an den Wänden auf Sockel gesetzt, die aus starken Winkeleisen bestehen und durch kräftige Steinschrauben im Mauerwerk gehalten werden, und im Abstand von der Wand durch Bolzen und Muttern mit ihnen verbunden.

Bild 141. Kabelverzweiger für Innenräume, unter Putz.

Bild 142. Kabelverzweiger fürs Freie.

Bei freistehenden Kabelverzweigern (Bild 143) wird das Gehäuse auf einen hohlen Betonsockel gesetzt, der 50 cm hoch ist,

Bild 143. Freistehender Kabelverzweiger.

und mit ihm durch Steinschrauben befestigt. Zum leichteren Heranbringen und Einziehen der Kabel wird dicht am Sockel ein Abzweigkasten gelegt (s. S. 109).

γ) Beschalten.

Beim Beschalten der Kabelverzweiger werden die G-Drähte straff durch die Führungsschienen gezogen. Sie erhalten vor ihrer Verbindung mit den Anschlußstiften einen 10 bis 15 mm langen Lackschlauch aufgeschoben, damit sich ihre Beklöppelung nicht aufdreht. Der Lackschlauch muß fest sitzen und kann entsprechend dem Zweck des Schaltdrahtes eine bestimmte Farbe besitzen. Er darf die Drahtader nicht berühren, weil sich sonst hier schwammiger Grünspan bildet. Wegen des Anspitzens der Adern s. Teil 1.

3. Endverzweiger.

Die Endverzweiger dienen hauptsächlich zum Abschließen papierisolierter Außenkabel und zum Anschließen von Apparatzuführungsdrähten oder -kabeln.

a) In Innenräumen.

Sie sind möglichst im Innern des Gebäudes, und zwar in der Nähe der Stellen unterzubringen, die angeschlossen werden sollen, damit die Zuleitungen kurz werden.

Das Gehäuse der Endverzweiger für Innenräume (Bild 144) ist aus gummifreiem Isolierstoff gepreßt und besitzt einen Stutzen, der matt vernickelt und unten feuerverzinnt ist, zur Einführung

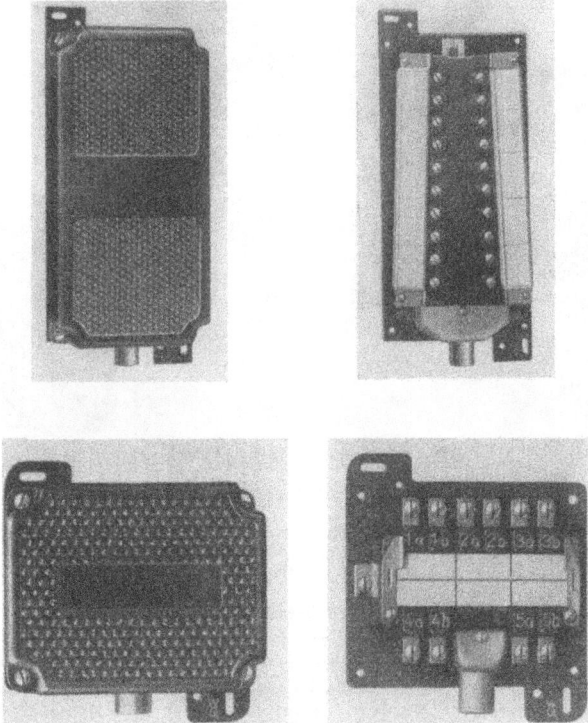

Bild 144. Endverzweiger für Innenräume.

des Kabels. Die Anschlußstifte tragen vorn Klemmen, hinten Lötstifte und sind in die Vorderseite des Gehäuses eingepreßt. Das Gehäuse sitzt auf einer Rückwand aus lackiertem Eisenblech. Bei den Endverzweigern zu 10 und mehr Adernpaaren befinden sich zu seinen beiden Seiten noch Führungsleisten aus Isolierpreßstoff.

α) *Bei offener Leitungsführung.*

Das Gehäuse mit seinen offen liegenden Klemmen wird bei offener Führung mit einer Schutzkappe bedeckt, die ebenfalls aus Isolierpreßstoff besteht und an den Seiten vorgepreßte Stellen zum Herausbrechen für den Durchlaß der Kabel und Drähte zu den Apparaten besitzt. Der Ausschnitt für den Kabelstutzen ist bereits vorhanden. Die Rückwand des Gehäuses hat zwei Löcher, die zu seiner Befestigung an der Wand dienen.

β) *Bei verdeckter Leitungsführung.*

Bei verdeckter Führung werden die Gehäuse in eine Abzweigdose gesetzt und mit den beiden Schrauben in der Rückwand befestigt. Die Abzweigdosen bestehen aus kaltgewalztem, blankgeglühtem Tiefziehblech und sind feuerverbleit. Das Innere der Dosen ist lackiert. Alle vier Seiten haben Durchlässe für Isolierrohre, die mit leicht zu entfernenden Abdeckscheiben versehen sind. Größere Dosen werden zur Aufnahme mehrerer Endverzweiger mit einer Tür, kleinere mit einem Deckel verschlossen. Sie werden ins Mauerwerk eingelassen (s. Teil 1).

b) Wettersicher.

Der wettersichere Endverzweiger ist für feuchte Räume und fürs Freie bestimmt (Bild 145). Er besteht aus Grauguß. Die Vorder- (*a*) und Rückwand (*b*) seines Abschlußraumes ist durchbrochen. Die Anschlußplatte (*c*) schließt die Öffnung in der Vorderwand mit einer Weichgummidichtung ab. Auf der Rückwand ist ebenfalls unter Zwischenlegung einer Weichgummidichtung eine gußeiserne Platte (*d*) geschraubt. In den Ab-

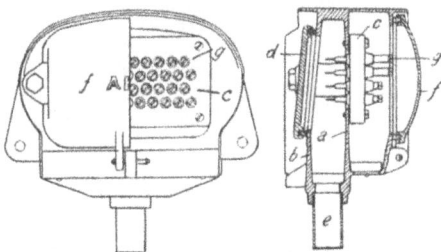

Bild 145. Wettersicherer Endverzweiger.

schlußraum ragt von unten ein Kabelstutzen (*e*) aus nahtlosem Messingrohr. Er ist in den Bodeneinsatz hart verlötet oder eingewalzt. Der Schaltraum wird durch einen gewölbten, gußeisernen, herunterklappbaren Deckel (*f*) mit Weichgummieinlage in einer Führungsnut luftdicht abgeschlossen. In seinem Boden befinden sich Öffnungen zur Einführung der Sprechstellenkabel, die mit leicht verjüngten Holzstopfen von innen verschlossen sind, solange sie nicht benutzt werden. Die Anschlußstifte (*g*) sind in zwei Reihen gegeneinander versetzt in die Anschlußplatte (*c*) aus gummifreiem Isolierpreßstoff eingepreßt. Zwischen ihnen befinden sich kleine Erhöhungen zur Verlängerung des Kriechwegs. Im Abschlußraum sind die Stifte zu runden, offenen Lötstiften geformt, im Schaltraum tragen sie Klemmschrauben.

9*

Die wettersicheren Endverzweiger dienen außerdem bei Luftkabelanlagen zum Abzweigen der Zuführungskabel (s. unter Zuführungen auf S. 147) sowie zur Einführung von Freileitungen
mit Kabeln (s. unter Einführung mit LPM auf S. 92 und 93).

α) *An Mauern.*

Drei durchbohrte Ansätze dienen zur Befestigung des Gehäuses
an Gebäudewänden.

β) *An Stangen.*

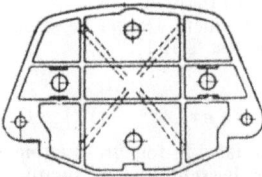

**Bild 146. Befestigungsplatte für
wettersichere Endverzweiger.**

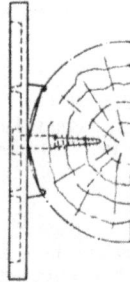

**Bild 147. Anbringung der
Befestigungsplatte an Stangen.**

Kommt der Endverzweiger an einer Stange zu sitzen, so wird
eine Befestigungsplatte (Bild 146) mit zwei Holzschrauben angebracht
(Bild 147) und der Endverzweiger aufgeschraubt.

γ. *An Rohrständern.*

An Rohrständern wird die Platte mit einer
Flacheisenschelle befestigt (Bild 148).

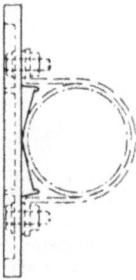

c) Beschalten.

Eine Öffnung des Schaltraumes dient
zum Einführen mehrerer Lackpapierkabel (LPM),
die mit ihrem Bleimantel etwa 10 mm in den
Schaltraum hineinragen müssen und in der Durch-
laßöffnung nötigenfalls durch einen Wickel aus
Dichtungsbinde verstärkt werden. Der untere Teil
des Raumes wird so hoch ausgegossen, daß die

**Bild 148.
Anbringung der
Befestigungs-
platte an
Rohrständern.**

Masse die Bleimantelenden der LPM-Kabel bedeckt. Vorläufig nicht benutzte Öffnungen bleiben
durch die von innen eingesetzten Holzstöpsel
verschlossen. Kommt später ein LPM-Kabel hinzu,
so wird der Holzstöpsel vorsichtig durch die Vergußmasse hindurch nach oben herausgestoßen und die Stelle
nach dem Durchstecken des Kabels abgedichtet und mit der
Masse C ausgegossen (s. unter Abschluß, Allgemeines, auf S. 95).

4. Überführungsendverschlüsse.

a) Allgemein.

Nach VDE 0800/XII. 1937 sollen nicht nur die Leitungen der Fernmeldeanlagen vor unzulässiger Erwärmung infolge von Überströmen an allen notwendigen Stellen durch Einschaltung von Stromsicherungen geschützt werden (§ 12 a), sondern auch die Freileitungen an beiden Enden Spannungssicherungen erhalten (§ 13). Demnach müßten die Endverschlüsse beide Arten von Sicherungen besitzen. Hierdurch wird aber der Aufwand an Unterhaltung für die Überführungsverschlüsse größer, denn sie liegen gewöhnlich nicht in der Nähe der die Entstörung wahrnehmenden Stelle. Daher wird in diesen Fällen auf die Unterbringung der Spannungssicherung im Überführungsendverschluß verzichtet und dieser Schutz an das andere Ende des Kabels in die Einrichtung der Zentralstelle (Hauptverteiler, s. Teil 1) verlegt. Handelt es sich jedoch, wie z. B. bei der Schleifenleitung einer Feuermeldeanlage, um längere Freileitungen, die den atmosphärischen Einflüssen stärker ausgesetzt sind, so wird die Spannungssicherung in den Überführungsendverschluß genommen.

Die Überführungsendverschlüsse (s. Bild 149 und 150) sind für 5, 10, 20 und 30 Adernpaare eingerichtet. Ihre Gehäuse und Türen aus Eisenblech sind doppelwandig. Die Türen sind durch unverlierbare Schrauben verschließbar. Das Gehäuse besitzt ein abschraubbares Außendach mit weit übergreifendem Rand und ein Zwischendach, in dem sich eine Eingußöffnung für die Vergußmasse befindet. Die Außenluft kann durch gut verdeckte Schlitze in den Außentürblechen und durch Öffnungen in den Innentürblechen in den Schalt- und Sicherungsraum treten und wird durch eine runde Öffnung im Zwischendach und Schlitze unter dem Außendach wieder abgeleitet, so daß der Schwitzwasserbildung vorgebeugt ist.

Im Boden, der ebenfalls doppelt ist, sitzt eine Erdungsschraube, ein kurzer Stutzen mit Schraubverschluß (a) zum Ablassen der Vergußmasse sowie dicht eingenietet ein Kabelstutzen (b).

Für die Durchführung der einadrigen, wetterfest umhüllten Rohrdrähte in den Schalt- (c) oder Sicherungsraum (d) sind Durchbrüche mit gußeisernen Abdeckungen (e) vorgesehen, die bis zur Benutzung durch verjüngte Gummistopfen verschlossen bleiben.

Der Abschlußraum (f) wird durch einen Deckel mit Gummiplatte (g) verschlossen.

Die Anschlußplatte (h), die den Abschlußraum (f) von dem Sicherungsraum (d) trennt, ist aus gummifreiem Isolierstoff hergestellt und für die Verlängerung der Kriechwege und für die Durchführung der Stifte sockelförmig gestaltet. Die Anschlußstifte (i) tragen im Sicherungsraum (d) Vierkante, im Abschlußraum (f) runde, offene Lötösen.

b) Mit Grobsicherungen.
(Bild 149.)

Auf den Vierkanten der Stifte (*i*) sind die Haltefedern (*k*) für die Grobsicherungen (*l*) befestigt. Zwischen ihnen führt eine Erdungsschiene (*m*), die mit der im Sicherungsraum (*d*) befindlichen, durch den Gehäuseboden nach außen führenden Erdungsschraube leitend verbunden ist. In die Erdungsschiene (*m*) sind Kreuzlochschrauben (*n*) mit spitzen Schaftenden gegenüber den Haltefedern (*k'*) als Spannungsgrobschutz geschraubt.

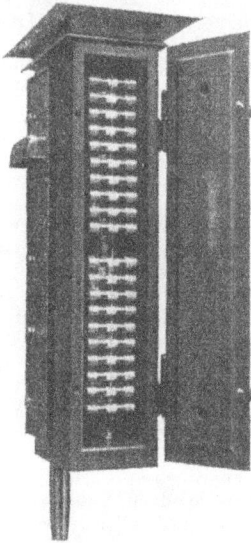

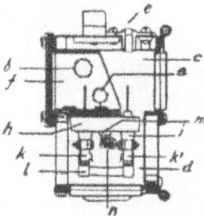

c) Mit Luftleerblitzableitern und Grobsicherungen (Bild 150).

Die Vierkante der Anschlußstifte (*i*) tragen die Haltefedern für die Luftleerblitzableiter (*o*) und sind metallisch mit den Grobsicherungen (oder Trennstegen, *p*) verbunden (Bild 151). Die Haltefedern der anderen Seite der Grobsicherungen tragen winkelförmig nach unten gebogene Lötösen, mit denen die zu den Freileitungen führenden einadrigen, wetterfest umhüllten Rohrdrähte verlötet werden.

Luftleerblitzableiter und Grobsicherungen besitzen je einen Spannungsgrobschutz, die nicht verstellt werden dürfen. Diese sowie die nicht mit dem Kabel verbundenen Haltefedern der Luftleerblitzableiter sind durch Schienen mit der am Rande der Isolierplatte (*h*) liegenden Erdungsschiene (*m*) verbunden.

d) Befestigung.

Die Gehäuse werden in Höhe der Querträger befestigt, damit die Zuführungen zu den Freileitungen möglichst kurz werden.

Bild 149. Überführungsendverschluß mit Grobsicherungen.

α) *An Stangen.*

Dies geschieht an Stangen durch zwei Haltevorrichtungen aus U-Eisen (NP 4) mit angeschweißten Zapfen, wobei die üblichen Ziehbänder mit Vorlegeplatten (s. Bild 34 und 35 auf S. 44 und 45) verwendet werden.

β) *An Rohrständern.*

Zur Befestigung an Rohrständern dienen besondere Rohr-
schellen mit Zapfen. Die mit Gewinde versehenen Zapfen werden
in besondere Halteeisen auf dem Gehäuse eingeschraubt.

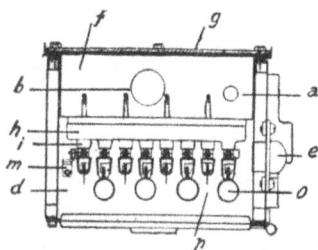

e) E r d u n g.

Für die Spannungssicherungen (Grobschutz der Grobsicherungen und Luftleerblitzableiter)
wird an der Überführungsstelle
eine Erdung aus verzinktem
Bandeisen von 30 . 2,5 mm Querschnitt hergestellt (s. unter
Sicherungserdung auf S. 157).

Der Anschluß der Erdungs-
klemme des Überführungsendverschlusses mit dem Bandeisen erfolgt durch ein Seil aus vier 1,5 mm

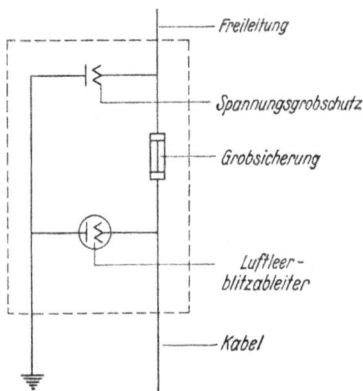

Bild 150. Überführungsendverschluß
mit Luftleerblitzableitern und Grobsicherungen.

Bild 151. Schaltung der Luftleerblitzableiter und Grobsicherungen.

dicken Kupfer- oder ausgeglühten Bronzedrähten, das am Bandeisen durch einen Vierkantbolzen zwischen Bleiplatten geklemmt
wird.

f) K a b e l h o c h f ü h r u n g.

Die Kabel werden mit den Freileitungen entweder an einem
Boden- oder an einem Dachgestänge verbunden und erhalten bei
der Hochführung an der Stange oder der Gebäudemauer bis zu
3 m Höhe über dem Erdboden einen Schutz durch Halbrohre, die
oben mit Dichtungswinkel und Abdichtmasse gut abgedichtet

Bild 152.
Zweiteilige
Schelle mit
Stein-
schraube.

werden. Die Halbrohre dürfen sonst keinen voll-
kommenen Abschluß bilden, damit sich Wasser, das
trotz der oberen Abdichtung eindringen sollte, abfließen kann und nicht beim Gefrieren die Kabel beschädigt. Das Schutzrohr darf den Bleimantel von
unbewehrten Kabeln nicht drücken.

Oberhalb der Rohre werden die Kabel in Abständen von 1,5 bis 2 m an Stangen durch kräftige
Halbschellen, an Gebäuden durch zweiteilige Schellen
mit Steinschrauben (Bild 152) und an den Rohrständern mit Schellen, die Rohr und Kabel umklam-
mern, befestigt.

g) Freileitungszuführung.

Als Zuführung zu den Freileitungen werden einadrige Gummikabel mit Bleimantel (GM) benutzt. Diese Kabel verlassen den
Schalt- und Sicherungsraum in S-förmiger Krümmung, so daß
Niederschläge an ihrem tiefsten Punkt abfließen können. Dann
werden sie in der Reihenfolge, in der sie an den Anschlußstiften
liegen, am Querträger entlang und an der Stütze hoch zu den Einführungsisolatoren geführt und an diesen mit den Freileitungen verbunden (s. unter Einführen der Freileitungen auf S. 90 und 92).

In den Hohlräumen der Querträger werden sie von umgelegten
Zinkstreifen gehalten und an den Stützen mit weichem Kupferdraht oder 1,5 mm dickem, ausgeglühtem Bronzedraht festgebunden.

h) Blitzschutz für Stangen.

Das Bandeisen für die Erdung dient gleichzeitig als Blitzableiter und wird daher an der Stange bis 15 cm über den First
hochgeführt. Es wird für die Verschraubung mit der Stange in
Abständen von 1 m mit einer Kniehebelpresse gelocht.

5. Abschließen der Kabel.

a) Verbindung mit dem Stutzen.

α) Unbewehrte Kabel.

Der Bleimantel des Kabels wird so weit abgetrennt, daß er
etwas in das Innere des Endverschlusses oder des Abschlußraumes
des Endverzweigers bzw. des Überführungsendverschlusses hinein-
ragt. Im Anschluß hieran werden die Adern sofort abgebrüht
(s. unter Abbrühen auf S. 116). Das Kabel wird durch den Stutzen
in den Abschlußraum gesteckt und der Bleimantel mit dem Stutzen
verlötet. Hierzu muß der Bleimantel mit einer Drahtbürste blank
gekratzt und vorsichtig mit einem Messer blank geschabt werden.
Auch der Stutzen muß vollkommen blank sein. Beim Reinigen
seiner Lötflächen darf die Verzinnung oder Versilberung nicht
zu stark angegriffen werden. Die gereinigten Flächen werden
unmittelbar darauf mit angewärmtem reinem Rindertalg bestrichen und der Bleimantel unter Benutzung einer Lötlampe

mit Stangenlötzinn verzinnt (s. unter Verlöten der Bleimuffe auf S. 120). Das auf den Mantel getropfte Zinn wird in dem erforderlichen Maße wiederholt erwärmt und mit einem mehrfach zusammengelegten, mit Talg durchtränkten Leinenlappen aus möglichst feinem Gewebe auf dem Bleimantel verstrichen und kräftig in die Fuge zwischen dem Kabel und dem Stutzen hineingedrückt. Über die Lötnaht wird ein Wulst von etwa 60 mm Breite und gleichmäßig schwacher Wölbung gelegt.

β) *Bewehrte Kabel.*

Bei bewehrten Kabeln wird die Schelle des Klemmstutzens (s. Bild 139 auf S. 126) in entsprechender Höhe fest auf die Bewehrung geschraubt und die Bewehrung oberhalb der Schelle entfernt. Darauf wird das Kabel mit dem Bleimantel in den Stutzen eingeführt und der die Schelle tragende untere Teil des Klemmstutzens mit dem oberen am Endverschluß oder Endverzweiger befindlichen Teil verschraubt.

b) Anlegen der Adern.

Die Adern des Kabels werden unter Beachtung des allgemeinen Lötverfahrens (s. Teil 1) an die Lötösen gelegt und verlötet. Beim Löten wird auf die darunter liegenden Lötösen ein Schutzpapier gelegt, damit sich keine Zinnspritzer zwischen die Lötösen setzen. Die zu einem Sprechkreis oder einem Vierer gehörigen Drähte bleiben soweit als möglich verseilt oder in der Viererlage. Es wird an den unteren Lötösen begonnen. Die *a*-Adern kommen stets an die langen oder mit *a* bezeichneten Anschlußstifte zu liegen.

c) Ausgießen des Endverschlusses.

Nachdem alle Adern angelegt sind, wird das Schutzpapier entfernt und die Adern nochmals abgebrüht. Darauf wird der Endverschluß bzw. der Abschlußraum des Endverzweigers oder Überführungsendverschlusses mit dem Deckel verschlossen und mit Vergußmasse C ausgegossen. Bei Endverschlüssen genügt es unter gewöhnlichen Verhältnissen, wenn die Vergußmasse eine Höhe von 100 mm erhält. Dieser Stand entspricht der Lage der oberen Ablaßöffnung, die die Endverschlüsse für 50 und mehr Adernpaare besitzen. Diese Schraube wird beim Vergießen geöffnet und zeigt durch das Herauslaufen der Vergußmasse die erreichte Höhe an. Bei beständig hoher Luftfeuchtigkeit wird der Vergußraum soweit ausgegossen, daß sämtliche Lötstifte bedeckt sind.

D. Prüfen der Verbindungen.

Die richtigen Adernverbindungen werden durch Prüfung der einzelnen Teillängen über die fertiggestellten Verbindungsstellen hinweg mit der Ausgangsstelle des Kabels festgestellt. In Fernsprechkabeln müssen die zu denselben Paaren gehörigen *a*- und *b*-Adern durchlaufend miteinander zusammengeschaltet sein, dürfen also weder vertauscht noch mit anderen Paaren gekreuzt werden, weil sonst Mitsprechen entsteht. Dieses Mitsprechen darf also nicht durch Geradeschalten der vertauschten Adern in einer anderen Lötstelle beseitigt, sondern der Fehler muß in der Lötstelle ausgemerzt werden, wo er gemacht worden ist.

Zur Prüfung der Adern auf richtige Folge, Unterbrechung, Schleifenberührung, Berührung mit einer Ader eines anderen Paares und Nebenschließung werden sämtliche Adern an den Lötösen des Hauptverteilers (s. Teil 1) oder den Klemmen des Endverschlusses (s. S. 126) miteinander verbunden und an Erde gelegt, bis auf das letzte Adernpaar, das zur Sprechverbindung zwischen dem Prüfer am Hauptverteiler oder am Endverschluß und dem Löter dient (Bild 153).

Die Prüfung beginnt mit der a-Ader des ersten Paares. Der Löter berührt sie mit dem Prüfdraht seines Sprechapparates. Ist sie leitfähig, so ertönt beim Prüfer der Wecker. Gleichzeitig erkennt der Löter diesen Zustand am Schnarren seines Hörers. Er unterbricht die Verbindung zweimal kurz durch Abheben des Prüfdrahtes. Auf dieses Zeichen hin trennt der Prüfer die a-Ader von der gemeinsamen Verbindung. Jetzt muß sowohl das Läuten des Weckers als auch das Schnarren im Hörer aufhören. Andernfalls besteht eine Verschaltung, eine Berührung mit der b- oder einer anderen Ader des Kabels oder ein Erdschluß. Ist die Verbindung in Ordnung, so wird die Ader abgebunden und zurückgeschlagen. Besteht ein Fehler, so wird sie an Erde gelegt. In gleicher Weise erfolgt die Prüfung der b-Ader sowie der übrigen Adernpaare.

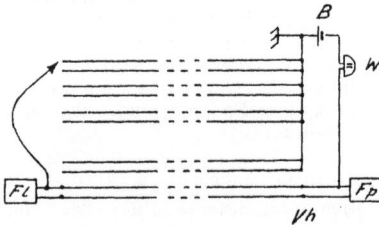

Bild 153. Prüfschaltung für Adernverbindungen.

Luftkabel.

I. Verwendung.

Meistens sollen die Luftkabel die Freileitungen an vorhandenen Boden- oder Dachgestängen ersetzen. Sie werden aber auch statt neuer Erdkabel verwendet, wenn die Erdarbeiten durch das Aufreißen und Wiederaufbringen teuren Pflasters zu kostspielig werden, und werden dann an neuen Boden- oder Dachgestängen sowie an Häusern aufgehängt.

II. Beschaffenheit.

Luftkabel sind Kabel, die mit Hilfe von Tragseilen oder -drähten oder selbsttragend zum Aufhängen an Masten oder Dachgestängen geeignet sind. Als Luftkabel an Tragseilen werden Kabel ohne Bewehrung (s. S. 96) verwendet. Als selbsttragende Kabel kommen Kabel mit einer biegsamen Bewehrung in Betracht, die den Zug aufnimmt. Diese Kabel sind gegen chemische und mechanische Einflüsse widerstandsfähiger als unbewehrte Kabel.

Zahlentafel 12. **Selbsttragende Luftkabel mit 0,6 mm Adern.**

Anzahl der Adernpaare	Außen- durchmesser mm	Gewicht kg/km	Größte Fabrikations- länge m	Gewicht der Fabrikations- länge kg
10	15,0	850	750	638
20	17,5	1150	750	863
30	20,0	1420	700	994
40	21,5	1600	700	1120
50	23,5	1900	650	1235

Die Mäntel der Kabel bestehen aus legiertem Blei.

III. Verlegung.

A. Schutz gegen Starkstrom.

Bezüglich der Schutzmaßnahmen bei Kreuzungen mit Starkstromfreileitungen gelten die Bestimmungen auf S. 22 ff.

Luftkabel dürfen, wenn sie nicht selbsttragend sind, am gleichen Gestänge nicht oberhalb der Starkstromleitungen verlegt werden.

Überkreuzungen von Starkstromfreileitungen (auch elektrischer Bahnen) mit Nennspannungen unter 1 kV durch Luftkabelanlagen können ohne weitere Schutzmaßnahmen ausgeführt werden, wenn die Kreuzungsgestänge der Fernmeldeanlagen durch Anker oder Streben gegen Umbruch besonders gesichert sind.

Im Zuge einer Unterkreuzung durch Starkstromleitungen mit Nennspannungen von 1 kV und darüber sind Luftkabel im Erdboden zu verlegen.

Unterkreuzungen von Starkstromfreileitungen durch Luftkabelanlagen in Netzen, in denen die Nullung nicht angewendet ist, sind ohne Maßnahmen zulässig, wenn die Tragseile der Luftkabel oder die Bewehrung selbsttragender Luftkabel zuverlässig geerdet werden.

B. Kabel ohne Bewehrung.

1. Bodengestänge.

a) Stangenart und Abstand.

Bei neuen Bodengestängen werden 7 m lange Stangen I benutzt (s. S. 30). Die Stangenabstände betragen im allgemeinen 50 m. Bei größeren Abständen müssen wegen des Durchhanges längere Stangen verwendet werden. Spannweiten über 60 m müssen nach Möglichkeit vermieden werden. Die Stangen werden nach den gleichen Grundsätzen wie für Freileitungen verstärkt (s. unter Verstärken auf S. 33).

b) Tragseilschellen.

Die Tragseile werden von Schellen (Bild 154) gehalten. Diese besitzen zur Aufnahme des Seiles eine aufgerauhte Rille und werden unter Zwischenbringung eines Füllringes (*a*) und einer Unterlegscheibe (*b*) mit ihrem Bolzen (*c*) an der Stange befestigt. Hierbei ist die Seite zu wählen, die am günstigsten ist.

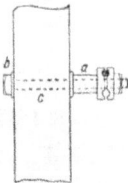

Bild 154.
Stange mit Tragseilschelle.

c) Tragseil.

Das Tragseil wird so niedrig, wie es die örtlichen Verhältnisse gestatten, angebracht, um die größte Standsicherheit zu erreichen. Hierbei darf das Luftkabel bei seinem größten Durchhang nicht tiefer als 2,5 m an Eisenbahnen, 3,5 m an Landstraßen über dem Erdboden und 5 m bei Wegekreuzungen über der Straßenfläche hängen.

Das Kabel muß frei ausschwingen können, damit der Bleimantel nicht leidet. Es darf daher nicht durch Baumkronen geführt werden, deren Zweige sich an das Kabel anlehnen oder gegen das Kabel schlagen können.

α) *Beschaffenheit.*

Das Drahtseil besteht aus verzinkten Stahldrähten. Seine Stärke richtet sich nach der Belastung. Ein Seil aus sieben 2,5 mm dicken Drähten hat einen Durchmesser von 7,5 mm und kann unter gewöhnlichen Verhältnissen ein Kabel mit 75 Doppeladern, in Rauhreifgebieten mit 25 Doppeladern tragen. Es wird in Längen von 250 m geliefert.

β) *Aufbringen.*

Das Tragseil wird von seinem Ring neben den Bodengestängen mit einem Haspel (s. Bild 95 auf S. 86) ausgelegt oder von einem Haspel aus abgezogen. Steht ein Haspel nicht zur Verfügung, so kann das freie Seilende an einer Stange festgebunden und der Ring wie ein Wagenrad abgerollt oder der Ring auf der Stelle gedreht und das freie Ende weggezogen werden. Das ausgelegte Seil wird bis zu $^1/_5$ Bruchlast, d. i. bei dem oben erwähnten Seil 2700 kg, gereckt und auf gerader Strecke in die offenen Seilschellen gelegt, in Winkelpunkten jedoch einmal um die Stange geschlungen.

γ) *Spannen.*

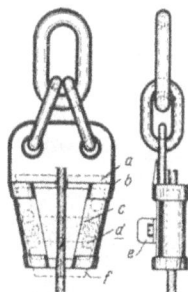

Bild 155. Kastenfrosch.

Zum Spannen des Tragseiles wird ein Kastenfrosch (Bild 155) benutzt. Die Backen sind auf Gleitrollen geführt, um ihren Anpressungsdruck an das Gehäuse zu vermindern. Der Kastenfrosch ist mit zwei Kettengliedern versehen, die in einem gemeinsamen Ring enden. Dadurch bleibt der Flaschenzughaken mit dem Kastenfrosch so beweglich, daß sich das Seil einlegen läßt, ohne daß es hinter den Backen scharf abgebogen werden muß. Der richtige Durchhang muß gewissenhaft hergestellt werden, da bei zu kleinen Durchhängen die Seilspannung derart anwachsen kann, daß Seil und Gestänge über das zulässige Maß beansprucht werden.

Zahlentafel 13. **Durchhang des Tragseiles.**

Luftwärme in °C	Durchhang in cm für Feldlängen von			
	30 m	40 m	50 m	60 m
+ 25	13	21	31	42
+ 15	10	17	26	36
+ 5	8	14	21	30
— 5	7	11	18	26
— 15	6	10	15	22
— 25	5	9	13	19

δ) *Festlegen.*

Nachdem der richtige Durchhang hergestellt ist, wird das Tragseil an seinen beiden Enden abgespannt (s. u.) und gegen

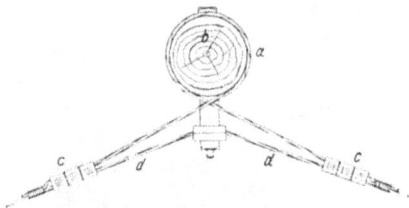

Bild 156. Sicherheitsverbindung.

das Abgleiten in den Winkelpunkten mit einer Sicherheitsverbindung versehen. Diese besteht aus einem zweiten Seil (*a*), das um die Stange (*b*) geschlungen und mit seinen Enden durch dreiteilige Drahtseilklemmen (*c*) (siehe Bild 18 auf S. 37) mit dem Hauptseil (*d*) verbunden wird (Bild 156).

ε) *Abspannen.*

Die Tragseile werden an ihren Enden stets abgespannt, also nicht miteinander verbunden. Die hierbei abfallenden Enden können zu Ankern und Hilfsverbindungen dienen. Zum Schneiden der Tragseile wird ein Bolzenschneider mit nachstellbaren Gußstahlmessern (Bild 157) benutzt.

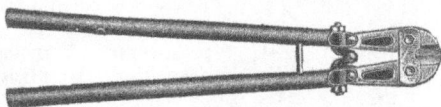

Bild 157. Bolzenschneider.

Während der Herstellung der Abspannung muß das Gestänge behelfsmäßig verstärkt werden. Nachher ist eine Verstärkung in gerader Linie nicht mehr nötig, weil sich der Seilzug nach beiden Seiten ausgleicht.

Zum Abspannen werden Ziehbänder für Querträger mit Vorlegeplatten (s. Bild 34 und 35 auf S. 44 und 45) oder verzinkte Ankerschellen (s. Bild 24 auf S. 39), stählerne Spannschlösser (siehe Bild 23 auf S. 39) und Kauschen aus verzinktem Stahlblech (s. Bild 21 auf S. 38) gebraucht. Die Spannschlösser werden stets durch Sicherheitsverbindungen überbrückt. Hierzu wird das Ende eines der beiden Drahtseile benutzt.

In gerader Linie wird ein Ziehband verwendet (Bild 158). Es (*a*) nimmt die beiden Spannschlösser (*b*) zwischen den beiden

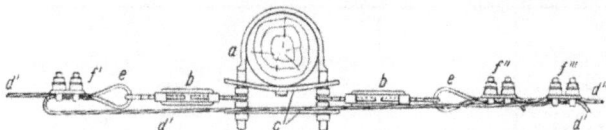

Bild 158. Abspannung der Tragseile in gerader Linie.

Vorlegeplatten (*c*) auf. Die beiden Seile (*d*) werden, nachdem sie Kauschen (*e*) erhalten haben, in Seilklemmen (*f*) festgelegt und von den Spannschlössern (*b*) getragen. Das von der einen Seite kommende Seil (*d'*) wird nicht an seiner Seilklemme (*f'*) geschnitten, sondern nach dem andern Seil (d'') geführt, mit dem es in einer besonderen Seilklemme (f''') verbunden wird.

Winkelpunkte erfordern zwei Ankerschellen, von denen jede mit ihren Klemmbacken in der Richtung des Zuges des aufzunehmenden Tragseiles stehen muß (Bild 159). Wie in allen Winkelpunkten

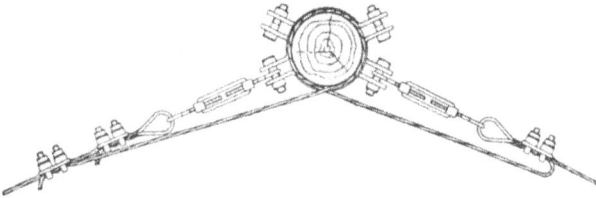

Bild 159. Abspannung der Tragseile in Winkelpunkten.

(s. unter Festlegen auf S. 141) wird die Sicherheitsverbindung um die Stange geschlungen. Sonst ist die Art der Abspannung die gleiche wie in gerader Linie.

In Endpunkten wird das Ende des abgespannten Seiles als Sicherheitsverbindung um die Stange geschlungen und mit einer Seilklemme festgelegt (Bild 160).

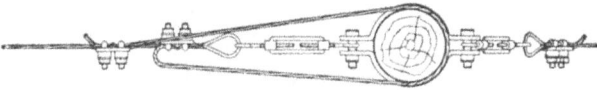

Bild 160. Abspannung des Tragseiles in Endpunkten.

ζ) *Schutzanstrich.*

Drahtseile, die unter Dämpfen oder Rauch zu leiden haben, werden mit Rostschutzfarbe gestrichen.

d) T r a g r i n g e.

α) *Beschaffenheit.*

Die Kabel werden mit Tragringen (Bild 161) an den Trag-seilen aufgehängt. Die Ringe sind aus verzinktem Stahl hergestellt und besitzen für die Auflage des Kabels eine sattelförmige Ver-breiterung. Infolge ihrer Federung sitzen sie fest auf dem Tragseil und lassen sich trotzdem leicht wieder abnehmen.

β) *Aufsetzen.*

Bei Bodengestängen läßt es die Tragfähigkeit der Stangen zu, daß die Felder zum Aufsetzen der Tragringe mit einem Fahrstuhl

Bild 161. Tragringe.

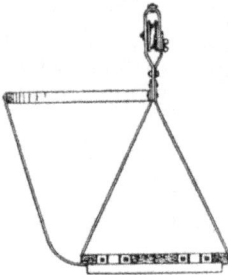

Bild 162. Fahrstuhl.

(Bild 162) befahren werden können. Dieser Luftkabelfahrstuhl besteht aus einem Sitzbrett und zwei Laufrollen, die auf das Seil gehängt werden, und wird mit einem Strick vom Erdboden aus weiterbewegt.

Die Tragringe werden entsprechend der Dicke des Kabels im gegenseitigen Abstand von 35 bis 45 cm aufgesetzt. Von den Tragseilschellen an der Stange bleiben sie 25 cm entfernt. Zum Aufsetzen wird der Tragring über das Zugseil geschoben und mit seinem längeren Haken von hinten auf das Seil gehängt. Eine kleine Rechtsdrehung bringt den kürzeren Haken nach vorn, der nun nach dem Zusammendrücken des Ringes ebenfalls auf das Seil gebracht wird. Der Tragring sitzt dann fest auf dem Seil und quer zu ihm, so daß das Luftkabel hemmungslos durchgezogen werden kann. Damit das Kabel durch die Ringe gezogen werden kann, wird bei ihrem Aufbringen ein Zugseil eingelegt.

c) Einziehen des Kabels.

Das Kabel wird von der Trommel mit Hilfe einer kleinen Handwinde und des Zugseiles durch die Ringe gezogen. Die Trommel wird meistens 10 m von der ersten Stange entfernt drehbar so aufgestellt, daß sie den Verkehr nicht hindert. In hügeligem Gelände wird das Kabel möglichst bergab eingezogen.

Bei Winkelpunkten in der Linie, bei Behinderungen durch Bäume und dergleichen andere örtliche Schwierigkeiten kann das Kabel auch von einer geeigneten Stelle aus nach beiden Seiten eingezogen werden. Nach dem Einziehen der größeren Strecke wird das Kabel von der Trommel gewickelt und so hingelegt, daß es in der anderen Richtung unbehindert aufgebracht werden kann.

Zum Einziehen wird ein Ziehstrumpf (Bild 163) auf den Bleimantel des Kabels ge-

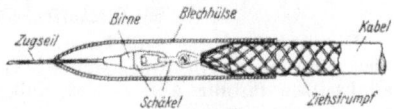

Bild 163. Ziehstrumpf mit Blechhülse.

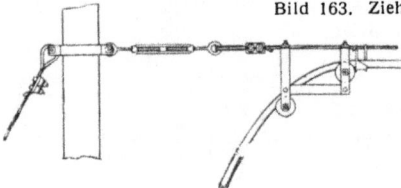

Bild 164. Rollenführung.

setzt. Über den Schäkel des Seiles und den Ziehstrumpf wird eine Blechhülse geschoben, damit sie nicht an den Tragringen festhaken können.

Das Kabel wird im Bogen über zwei Rollen

an den ersten Tragring geleitet (Bild 164). Die zweite Rolle dieser
Einrichtung muß unmittelbar vor und in gleicher Höhe mit
diesem Ring sitzen, damit das Kabel keinen Knick erhält. Auch
an der letzten Stange ist der Gebrauch dieser Rollenführung
zweckmäßig. An Winkelpunkten werden einfache Rollen gesetzt.
Die Reibung des Kabels in den Ringen wird durch Einfetten
des Kabels verringert.

Die Enden des Kabels werden nach dem Aufhängen behelfsmäßig festgelegt, damit sie nicht durchgleiten, und so lang belassen, daß die Lötstellen hergestellt werden können.

Gegen das Durchgleiten des Kabels bei größeren Höhenunterschieden wird an der abfallenden Seite zwischen den beiden
ersten Tragringen an der Stange auf das Kabel eine Schelle gesetzt,
die durch einen an dem Bolzen der Seilklemme befestigten Stahldraht gehalten wird.

2. Dachgestänge.

a) Art und Abstand.

Einfache Rohrständer (s. S. 49) genügen den Anforderungen,
die an die Tragfähigkeit gestellt werden. Ihr Abstand ist nicht
größer als 50 m zu wählen.

b) Tragseilschellen.

Die Tragseilschellen können an den Rohrständern nicht in
gleicher Weise wie an den Stangen befestigt werden, weil der Rohrständer durch die Bohrungen zu sehr geschwächt werden würde.
Sie werden daher zunächst mit einem
Schraubenbolzen auf den oberen Flansch
eines U-Eisens gesetzt, das dann nach
Querträgerart mit einem Ziehband am
Rohrständer befestigt wird (Bild 165,
s. auch Bild 58 auf S. 57). In Winkelpunkten kommt das Tragseil in der Rille
der Schelle zu liegen, die dem Rohr zugekehrt ist, so daß es in die Schelle gedrückt wird.

c) Tragseil.

α) *Beschaffenheit.*

Die Tragseile sind dieselben wie für
Bodengestänge (s. S. 140).

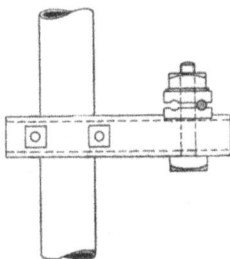

Bild 165. Tragseilschelle am
Rohrständer.

β) *Aufbringen.*

Das Seil wird auf einen Haspel gelegt und von einem Ende der
Strecke aus mit einem Zugseil an einem vorher angebrachten
Führungsdraht entlang gezogen, an dem es mit einem Ring·auf-
gehängt worden ist.

γ) *Spannen.*

Für das Spannen des Seiles zur Herstellung des richtigen Durchhanges gilt das gleiche wie bei Bodengestängen (s. S. 141).

δ) *Festlegen.*

Auch das Festlegen geschieht in gleicher Weise wie bei Bodengestängen. Winkelpunkte erhalten die gleichen Sicherheitsverbindungen (s. S. 142).

ε) *Abspannen.*

Ebenso erfolgt das Abspannen in derselben Art wie an Stangen (s. S. 142). Als Schellen werden die für Rohre üblichen Ankerschellen verwendet (s. Bild 48 auf S. 53).

ζ) *Schutzanstrich.*

Zum Schutz gegen Dämpfe oder Rauch werden die Tragseile mit Rostschutzfarbe gestrichen.

d) Tragringe.

Die Tragringe und das Zugseil werden gleichzeitig mit dem Tragseil aufgebracht.

e) Einziehen des Kabels.

Das Kabel wird von der Trommel über Rollen, die an der äußersten Kante des Daches angeordnet werden, zum Dachgestänge hoch- und dann in der gleichen Weise wie bei Bodengestängen durch die Tragringe gezogen.

3. Gebäude.

a) Führung.

In Orten sowie auf eng bebautem Fabrikgelände lassen sich die Luftkabel auch unmittelbar an den Häusern mit Schellen befestigen, wobei mit Rücksicht auf das Aussehen die Rückseite der Gebäude benutzt wird. Durch Gebäude, die quer zur Kabelrichtung stehen, können die Kabel wie Innenkabel hindurchgeführt werden.

b) Zwischenräume.

Zwischenräume werden mit einem Tragseil oder mit einem Tragdraht überspannt, an dem das Kabel aufgehängt wird. Diese Felder dürfen nicht so groß sein, daß das Kabel in starke Schwingungen geraten kann und Mantelrisse auftreten können. Nötigenfalls ist noch ein Stützpunkt dazwischen zu bringen.

c) Tragdraht.

Zum Aufhängen von 4paarigen Luftkabeln reicht ein Stahldraht von 4 mm Durchmesser aus. Er ist stärker zu nehmen, wenn er Starkstromfreileitungen überkreuzen soll.

Nachdem er auf dem Erdboden gereckt worden ist, werden kleine Tragringe (s. Bild 161 links auf S. 143) in Abständen von 40 cm aufgesetzt und das Kabel eingezogen. Darauf wird der Stahldraht mit einer Parallelklemme (s. Bild 67 auf S. 64) gefaßt, hochgebracht und mit einem Hanfstrang oder einem Flaschenzug

(s. Bild 66 auf S. 64) gespannt. Die Befestigung erfolgt durch Ösen, die in die an den Gebäudewänden angebrachten Haken gehängt werden. Spannschlösser werden gewöhnlich nicht erforderlich.

4. Verbindungen.

Die Verbindungen erfolgen wie bei anderen Kabeln in Muffen (s. S. 114).

a) Mit Luftkabeln.

Bei Bodengestängen werden die Spleißstellen vom Fahrstuhl aus gemacht, der mit einem Zelt überdacht wird. Bei Dachgestängen kommen sie unmittelbar neben dem Rohrständer zu sitzen. Die Kabelenden werden in der für die Spleißstelle erforderlichen Länge zugeschnitten und am Seil festgebunden, damit sie nicht durchgleiten. Die fertige Spleißstelle muß mit dem Kabel eine gerade Linie bilden. Die Muffen werden am Tragseil aufgehängt, und zwar einteilige mit einem Schlingenbund aus eingefetteter, ungeteerter Hanfschnur in der Mitte (Bild 166), zweiteilige mit je einem Bund an ihren Hälsen.

b) Mit Erdkabeln.

Das Luftkabel wird mit dem Erdkabel an der Stange in einer Gußeisenmuffe verbunden, die mit heller Vergußmasse C (s. S. 123) ausgegossen wird.

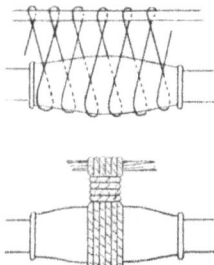

Bild 166. Schlingenbund.

Damit das in die senkrechte Lage übergehende Luftkabel gegen Schwankungen genügend gesichert ist, wird es vor seinem Eintritt in die Muffe mit Halbschellen festgelegt.

Das Erdkabel wird an der Stange bis zu 3 m Höhe durch Halbrohre geschützt, in denen das eindringende Wasser abfließen und daher beim Gefrieren das Kabel nicht beschädigen kann. Die oberen Öffnungen der Halbrohre werden mit einem Wickel und mit Masse abgedichtet. Darüber wird das Erdkabel in Abständen von 1,5 m bis 2 m durch Halbschellen befestigt.

5. Verzweigungen.

Die Verzweigungsmuffe aus Walzblei (s. Bild 129 auf S. 115) wird wie eine Verbindungsmuffe (s. unter 4, a) mit Schlingenbunden am Tragseil neben dem Stützpunkt aufgehängt. Das abgehende Kabel führt zu seinem Tragseil in engem Bogen, der an seinen Enden ebenfalls durch Schlingenbunde von den beiden Seilen getragen wird.

6. Zuführungen.

a) Mehr als 2 Doppeladern.

Die Zuführungskabel werden mit dem Luftkabel in einem wettersicheren Endverzweiger (s. Bild 145 auf S. 131) an der Stange ver-

bunden (Bild 167).
Sämtliche Kabel
führen von ihrem
Tragseil bzw. Trag-
drähten in engem
Bogen an die Stan-
ge, an der sie mit
Halbschellen festge-
legt werden. Vor dem
Verlassen des Draht-
seiles erhält das
Luftkabel noch einen
Schlingenbund.

b) 2 D o p p e l -
a d e r n.

Die Kabel wer-
den wie unter a) an

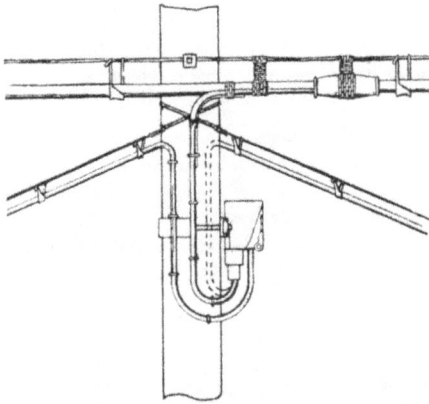

Bild 167. Zuführung von mehr als 2 Doppeladern. die Stange geführt,
und [die Adern des
2paarigen Luftkabels mit den Adern der beiden Zuführungskabel
verdrillt und verlötet. Diese Verbindungsstellen werden durch
übergeschobene Papierröhrchen isoliert (Bild 168), gemeinsam mit
einer plastischen Binde bewickelt und durch eine Bleihülse geschützt, die an der Stange befestigt wird (Bild 169).
Die LPM-Kabel werden an den
Wänden des Gebäudes, in das sie
eingeführt werden sollen, mit Halbschellen befestigt.

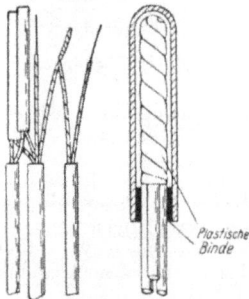

**Bild 168. Aufteilung eines
2-paarigen Kabels.**

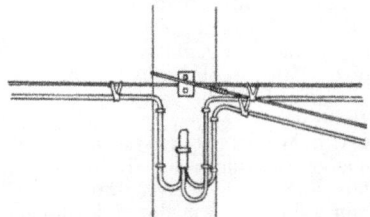

Bild 169. Zuführung von 2 Doppeladern.

7. Einführung.

Luftkabel werden wie Freileitungen eingeführt (s. S. 90),
also von Bodengestängen durch die Wand, von Dachgestängen
durch das Dach und in beiden Fällen möglichst weit entfernt vom
Gebäudeblitzableiter.

8. Abschluß.

Ihr Abschluß erfolgt wie bei Röhren- und Erdkabeln durch
Abschlußmuffen oder Endverschlüsse (s. S. 124 und 125).

9. Blitzschutz.

Zum Schutz gegen Blitzschläge wird das Tragseil geerdet. Damit ist auch der Kabelmantel geschützt. Wie bei Freileitungen wird jede 5. Stange mit einem Blitzschutzdraht versehen (s. S. 42), der 4- bis 5mal um das Tragseil gewunden wird, bevor er zum Zopfende der Stange führt. Ebenso ist mit einem Schutzdraht zu verfahren, der mit dem Anker verbunden ist.

Die Tragdrähte der Zuführungen, die nur über einen oder zwei Stützpunkte verlaufen, brauchen nicht geerdet zu werden. Bei längeren Zuführungen werden die Mäntel des Luftkabels und des Zuführungskabels am Endverzweiger mittels zweier Spannverbinder (s. Teil 1) verbunden und erhalten dann ihre Erdverbindung vom geerdeten Luftkabel.

C. Selbsttragende Luftkabel.

1. Stangenabstand.

Die Beanspruchung der Gestänge ist derart gering, daß die Stangen bis zu 100 m auseinandergestellt werden können.

2. Aufhängung.

a) Hängeklemme.

Das Kabel wird mit Klemmen (Bild 170) aufgehängt. Die Klemme besteht aus einer Rolle und dem eigentlichen Klemmstück. Der Rollenkasten besitzt seitliche Verlängerungen, die durch gewölbte Brücken miteinander verbunden sind, und bildet eine gekrümmte Auflagefläche von genügend großem Radius für das Kabel, so daß zu starke Biegebeanspruchungen in Winkelpunkten und auch beim Auslegen verhindert werden. Die Klemme hängt an einem Bolzen, der in die Stange gesetzt wird.

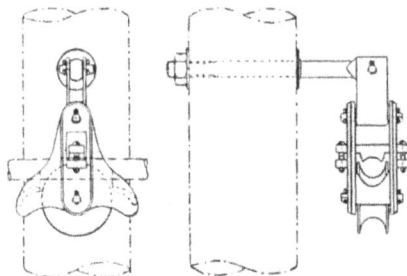

Bild 170. Hängeklemme.

b) Einziehen des Kabels.

In die Hängeklemmen wird ein Zugseil eingelegt, mit dem dann das Kabel von seiner Trommel, die bei der ersten Stange aufgestellt wird, mit Hilfe einer Kabelwinde (s. Bild 120 auf S. 111) über die Rollen der Hängeklemmen gezogen wird. Zu seiner Verbindung mit dem Zugseil werden die blanken Adern des Kabels zu einer Öse geformt (Bild 171) und mit der Öse des Zugseiles in einem Verbindungsstück vereinigt.

Bild 171. Verbindung des Luftkabels mit dem Zugseil.

Die vorletzte Stange erhält einen Hilfsanker, die letzte eine Hilfsrolle (Bild 172).

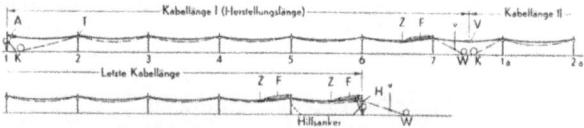

Es bedeuten:
die Zahlen von 1 bis 7 die Stangen der Kabellänge I
die Zahlen 1a, 2a usw. die Stangen der Kabellänge II;
die Buchstaben A Abspannklemme, F Flaschenzug, H Hilfsrolle, K Kabeltrommel, T Hängeklemme, v Verbindungsstück zwischen Zugseil und Kabel, V Verbindungsklemme, W Kabelwinde, Z Schnürband.

Bild 172. Einziehen des Luftkabels.

c) S p a n n e n u n d F e s t l e g e n.

Zahlentafel 14. **Durchhangstafel für selbsttragende Luftkabel.**

Stangen-abstand in m	Lufttemperatur ⁰ C						
	+ 30	+ 20	+ 10	0	− 10	− 20	
30	63	60	57	54	51	48	$D = 2\%$
40	84	80	76	72	68	64	bei
50	105	100	95	90	85	80	$+ 20^0$ C
60	126	120	114	108	102	96	

Nach dem Abspannen an der ersten Stange (s. u.) wird der Durchhang des Kabels von der vorletzten Stange aus vorschriftsmäßig (Zahlentafel 8) mittels Schnürband und Flaschenzug hergestellt. Das Schnürband (Bild 173) besteht aus einem Geflecht von Stahldrähten. Es wird in der Mitte geknickt, einmal um das

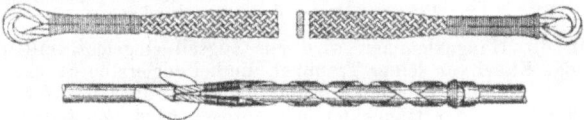

Bild 173. Schnürband.

Kabel geschlungen und mit Isolierband, Bindegarn oder Bindedraht leicht befestigt. Die beiden Bänder werden dann kreuzweise
um das Kabel und ihre Ösen in den Haken des Flaschenzuges gelegt.
Nach dem Spannen wird das Kabel in den Hängeklemmen festgelegt.

3. Abspannen.

Das Abspannen geschieht durch Abspannklemmen (Bild 174).
Auch sie sind Hängeklemmen und bestehen aus dem Klemmkörper
mit einem Bügel, der sich in der Aufhängung an der Stange dreht.

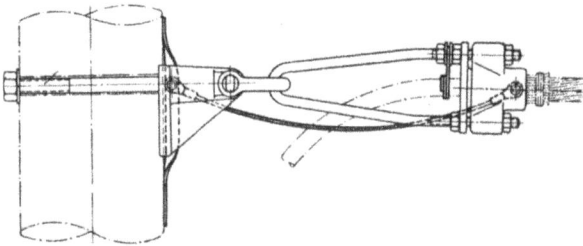

Bild 174. Abspannklemme.

Die Bewehrung des Kabels wird bis zu der Stelle, an der die
Abspannklemme zu sitzen kommt, entfernt und ihr stehen gebliebenes
Ende kranzförmig um den Ring des starken Klemmenteiles gebogen.
Darauf wird der Deckel und der Bügel aufgeschraubt, der in das
bereits an der Stange angebrachte Haltestück gehängt wird. Das
freigelegte Kabelende wird mit Isolierband und Stahlband bewickelt.
Nach der Abspannung kann der Hilfsanker an der vorletzten Stange
(s. o.) beseitigt werden.

4. Verbindungen.

Müssen mehrere Kabel miteinander verbunden werden, so
werden ihre Enden nach Abnahme des Zugseiles mit einem Schnürband und einem Flaschenzug an den die Verbindungsstelle ein-
schließenden Stangen festgelegt und auf jedes Ende ein Muffen-
kopf gezogen, die nach Herstellung der Abspannung miteinander

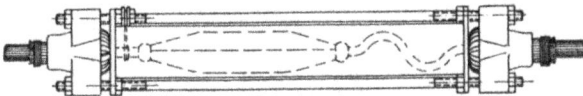

Bild 175. Verbindungsklemme.

durch Eisenstäbe verbunden werden (Bild 175). Darnach werden
die Flaschenzüge und Zugbänder entfernt.

5. Blitzschutz.

Die selbsttragenden Luftkabel müssen geerdet werden. Jede 5. Stange erhält eine Blitzableitererde (s. S. 42). Der 5 mm dicke Stahldraht wird mit einem kurzen Seil, das mit der Klemmbacke verbunden wird, unter die angeschweißte Scheibe der Tragstütze der Hängeklemme gelegt. Bei Abspannungen erhält der Klemmkörper Verbindung mit dem geerdeten Träger (s. Bild 174). An den Verbindungsmuffen wird der Bleimantel des Kabels mit dem Klemmkörper verbunden, der über die Bewehrung geerdet ist.

Erdungen.

I. Begriffserklärung und Zweck.

Es bedeutet:

1. Erden: durch einen Erder eine leitende Verbindung mit der Erde herstellen;
2. Erder: zum Erden benutzte Metallteile, die sich im Erdboden befinden und mit der Erde in leitender Verbindung stehen;
3. Erdungsleitung: die zum Erder führende Leitung einschließlich der Sammelleitung;
4. Erdung: die Gesamtheit von Erdleitung und Erder;
5. Erdübergangswiderstand eines Erders (Ausbreitungswiderstand): der Widerstand zwischen einem Erder und dem weiter (mehr als 20 m) entfernten Erdboden;
6. Erdungswiderstand: die Summe von Erdübergangswiderstand und Widerstand der Erdungsleitung.

Die Erdungen werden gebraucht als:

1. Betriebserdung;
2. Sicherungserdung;
3. Blitzerdung;
4. Starkstromschutzerdung.

Die Betriebserdung (1.) soll einen Teil des Betriebsstromkreises möglichst auf den Spannungszustand der Erde (Erdpotential) bringen.

Die Sicherungserdung (2.) soll die aus den Außenleitungen kommenden Überspannungen aller Art in dem Maße in die Erde abführen, daß durch den Rest eine Beschädigung der durch Einschaltung der Sicherungen zu schützenden Betriebsmittel nicht eintreten kann.

Die Blitzerdung (3.) (Rohrständer und Hausblitzableitung) soll dem Gebäude und seinem Inhalt Schutz gegen Beschädigung oder Entzündung durch den Blitz gewähren.

Die Starkstromschutzerdung (4.) ist eine Erdung im Sinne der VDE-Leitsätze für Schutzmaßnahmen in Starkstromanlagen (VDE 0140/1932). Sie soll verhindern, daß leitfähige und gegen zufällige Berührung nicht geschützte Anlagenteile den Menschen gefährden. Demselben Zweck können Starkstromschutzerdungen bei Apparaten dienen, wenn deren Isolierung aus irgendeinem Grund zufällig schadhaft geworden ist.

II. Ausführung.

A. Allgemeines.

Für die Betriebs- und die Sicherungserdung genügt ein gemeinsamer Erder, der ausschließlich diesen Zwecken dient. Er wird gewöhnlich mit etwaigen anderen Erdungen verbunden.

Es muß vermieden werden, daß die Erder von Fernmeldeanlagen Spannungen aufnehmen, die den Betrieb von Fernmeldeanlagen gefährden oder stören oder zu einer elektrolytischen Zersetzung führen können. Erdungen von Fernmeldeanlagen dürfen deshalb mit Erdungsleitungen für Starkstromanlagen nicht metallisch verbunden werden. Ferner müssen bei Starkstromanlagen mit Netzspannungen von 1000 V und darüber die beiderseitigen Erder mindestens 20 m voneinander entfernt sein. Dagegen dürfen Erdungen von Fernmeldeanlagen an ein im Erdboden liegendes, ausgedehntes metallisches Rohrnetz angeschlossen werden, auch wenn dieses an anderer Stelle mit Schutz- und Betriebserdungen von Starkstromanlagen mit Betriebsspannungen bis höchstens 250 V gegen Erde verbunden ist.

Die Art der Erder wird von der Bodenbeschaffenheit (Grundwasserverhältnisse) und dem Verwendungszweck der Erdung bestimmt.

Bei der Herstellung der Erdungen ist zu versuchen, den Erder so anzulegen, daß er auch in der trockenen Jahreszeit im Grundwasser liegt. Hat der Erdboden nicht diese Beschaffenheit, so ist möglichst dauernd feuchtes Erdreich aufzusuchen. Am günstigsten ist der Erdübergangswiderstand von Erdern, die in Ackerboden (Humus oder Lehm) eingebettet sind. Daher können Erder, die in anderem Boden liegen, durch Einpacken in Lehm verbessert werden. So wird z. B. der Übergangswiderstand im Sandboden schon durch eine den Erder allseitig umgebende Lehmschicht von 10 cm wesentlich verringert.

Steiniger Boden oder fettige oder ölige Bodenschichten sind für Erdungen ungeeignet. Aber auch das Wasser allein leitet ebenfalls schlecht, daher müssen Erder längs des Ufers und nicht im Wasser ausgelegt werden.

Das Erdreich in der Nähe von Aborten und Düngergruben ist für die Erdung gänzlich ungeeignet, weil es von Stoffen durchsetzt wird, die die Bestandteile der Erdung gefährden.

Zur Verringerung des Erdübergangswiderstandes werden die Erder fest im Erdboden eingestampft und eingeschlagen, damit sich Erder und Erdboden so innig wie irgend möglich berühren.

Die Erdungsleitungen (s. Teil 1 und unter Blitzschutz von Dachgestängen auf S. 54) sind so kurz wie möglich und frei von Windungen und Knicken zu halten. Hierdurch bleibt auch ihr Hochfrequenzwiderstand niedrig und der Rundfunkempfang ungestört.

Es kommen drei Arten von Erdungen zur Ausführung:

1. Rohrnetzerdung;
2. Rohrerder;
3. Bandstahlerder.

Hausblitzableitungen allein dürfen zur Erdung von Fernmeldeanlagen nicht benutzt werden. Ebenso ist die Mitbenutzung von
Schutzerden zur unmittelbaren Erdung von Fernmeldeeinrich-
tungen unzulässig.

B. Rohrnetzerdung.

Am gebräuchlichsten ist die Wasser- und Gasleitungserdung.
Diese Rohrnetze sind infolge ihrer großen Ausbreitung gute Erder.
Da nur die Erdungsleitungen hergestellt zu werden brauchen, ist
diese Erdung bereits im Teil 1 beschrieben worden.

C. Rohrerder.

1. Erder.

Für Rohrerder werden verzinkte Gasrohre von einem Zoll
Durchmesser verwendet. Ihre Anzahl und Länge richtet sich nach
dem Zweck des Erders und nach der Tiefe des Grundwassers. Sie
werden zum leichteren Eintreiben ins Erdreich an einem Ende mit
einer Spitze oder Schneide ver-
sehen und erhalten zweckmäßig
an mehreren Stellen Bohrlöcher,
damit die Erdfeuchtigkeit (Regenwasser) auch in das Rohrinnere
dringen kann.

Die Rohre werden so weit
ins Erdreich getrieben, bis sich
ihr oberes Ende eine Handbreit
unter der Erdoberfläche befindet.

Ein einziges 6 m langes Rohr
hat einen Übergangswiderstand
von 4 bis 7 Ω, reicht also gewöhnlich für alle Zwecke und die meisten
Fernmeldeanlagen (s. Teil 1) aus.
Wird für Betriebserden ein ge-
ringerer Widerstand gefordert, so
werden mehrere Rohre im Abstand voneinander in den Erdboden getrieben (Bild 176).

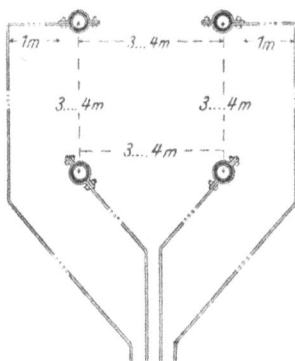

Bild 176. Rohrerder.

2. Erdungsleitung.

An das obere Ende eines Rohres wird mit Hilfe einer Halb-
schelle unter Zwischenlegung eines Bleistreifens ein Bandstahl
von 30 . 2,5 mm Querschnitt angeschlossen. Der Bandstahl wird
an die Gebäudemauer geführt und vor seiner etwaigen Hochführung

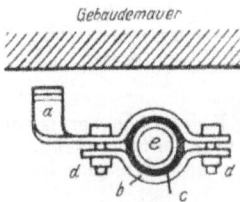

Bild 177. Verbindung des Bandstahls mit dem Rohrerder.

einmal gewunden, damit er nicht hochkant gebogen zu werden braucht (Bild 177).

Mehrere Bandstahlleitungen verlaufen in möglichst großem gegenseitigem Abstand bis zur Gebäudewand, werden dann durch zwei Schraubenbolzen zusammengefaßt und ins Innere des Gebäudes geleitet.

Bei seinem Austritt aus dem Erdboden wird der Bandstahl besonders den Witterungseinflüssen ausgesetzt. Es empfiehlt sich daher, ihn an dieser Stelle durch Aufschrauben eines Stückes Bandstahl zu verstärken und mit Asphaltlack gut deckend zu streichen. Im Mauerdurchbruch wird die Bandstahlleitung ebenfalls mit einem Schutzanstrich (Asphalt o. dgl.) versehen. Ihre Verbindung mit der Erdungsleitung erfolgt entsprechend den Angaben im Teil 1 und unter Blitzschutz von Dachgestängen auf S. 54.

D. Bandstahlerder.

1. Für Betriebserdungen.

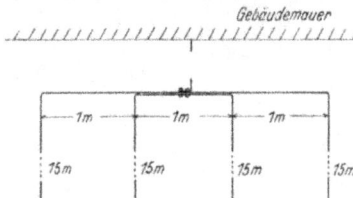

Bild 178. Bandstahlerder.

Bandstahlerder werden gänzlich aus verzinktem Bandstahl von 30 . 2,5 mm Querschnitt hergestellt.

Der Bandstahlerder erhält für Betriebserdungen die im Bild 178 wiedergegebene Form. Die Gräben, in die der Erder einzubetten ist, müssen 40 cm tief sein. Ihre Länge richtet sich nach dem durchschnittlichen Feuchtigkeitsgehalt des Erdreiches. Sie beträgt gewöhnlich 15 bis 40 m, während bei Humus- und Lehmboden 10 bis 15 m ausreichen.

2. Im Freileitungsbau.

Für Sicherungs- und Blitzerdungen im Freileitungsbau werden andere Formen benutzt.

Ist das Grundwasser leicht erreichbar, so wird mit einem Erdbohrer (Bild 7 auf S. 32) ein Loch hergestellt und 10 bis 15 m Bandstahl, der schraubenlinig um einen oberen Stangenabschnitt II gewunden ist, hineinversenkt. Dieser Erder haben einen Übergangswiderstand von 3 bis 5 Ω.

Ist das Grundwasser nur schwer oder gar nicht zu erreichen, so wird der Bandstahl nach zwei verschiedenen Seiten gradlinig in mindestens 40 cm Tiefe ausgelegt. Seine Länge hängt von dem Feuchtigkeitsgehalt des Erdreiches ab und beträgt 10 bis 25 m. Nicht immer läßt sich der Bandstahl in diesen Längen laufend auslegen, weil es an Platz gebricht. In diesen Fällen kann dem Bandstahl auch eine Schlangenlinien- oder Fächerform gegeben werden. Der Übergangswiderstand dieser Oberflächenerder beträgt 6 bis 12 Ω.

III. Betriebserdung.

Siehe Teil 1.

IV. Sicherungserdung.

Für Apparate s. Teil 1. Für Überführungsendverschlüsse (s. S. 133) werden die unter II, D, 2 aufgeführten Bandstahlerderformen benutzt. Der Erdübergangswiderstand soll nicht mehr als 30 Ω betragen.

V. Blitzerdung.

A. Bodengestänge.

Siehe unter Blitzschutz auf S. 42.

B. Dachgestänge.

Für Dachgestänge (s. S. 57) wird ein Rohrerder gebraucht (II, C). Zwischen ihm und dem Blitzableiter für das Haus wird eine Verbindung hergestellt.

C. Luftkabel.

Für Kabel ohne Bewehrung (s. S. 140) und selbsttragende Luftkabel (s. S. 149) wird die Blitzerdung der Stange mitbenutzt.

VI. Starkstromschutzerdung.

Starkstromschutzerdungen kommen für Ladeeinrichtungen und Netzspeisegeräte sowie für den Freileitungsbau in Betracht. Die Erdungen in Fernmeldeanlagen sind im Teil 1 beschrieben. Schutzdrähte oder Schutznetze für Freileitungen müssen stets an beiden Enden geerdet werden. Zur Anwendung gelangen Bandstahlerder als Oberflächenerder mit einem Übergangswiderstand von nicht mehr als 10 Ω. Der Bandstahl wird gegen Berührung an der Stange bis zu 2,5 m über dem Erdboden mit einer Leiste aus Holz abgedeckt. Er darf mit Ziehbändern und Querträgern keine Verbindung erhalten, weil diese beim Herabfallen einer Starkstromleitung auf die Schutzvorrichtung eine gefährliche Spannung annehmen können.

Der Erdungswiderstand darf nicht über 30 Ω liegen.

Sachverzeichnis.